集 中 力 は い ら な い

发散思维

不被"常识"束缚的思维方式

MORI Hiroshi

[日] 森博嗣 著　连菁 译

北京时代华文书局

图书在版编目（CIP）数据

发散思维 /（日）森博嗣著；连菁译. — 北京：北京时代华文书局，2023.1（2023.10 重印）
ISBN 978-7-5699-4729-8

Ⅰ.①发… Ⅱ.①森…②连… Ⅲ.①思维方法 Ⅳ.① B804

中国版本图书馆 CIP 数据核字 (2022) 第 203607 号
北京市版权局著作权合同登记号 图字：01-2019-2673

Shuchuryoku wa Iranai by MORI Hiroshi
© MORI Hiroshi 2018 All rights reserved
Original Japanese edition published by SB Creative Corp.
Chinese (in simplified character only) translation copyright © 2023 by Beijing Time-Chinese
Publishing House Co., Ltd.
Chinese (in simplified characters only) translation rights arranged with SB Creative Corp.
through Digital Catapult Inc., Tokyo.

拼音书名 | FASAN SIWEI

出 版 人 | 陈　涛
策划编辑 | 周　磊
责任编辑 | 周　磊
责任校对 | 张彦翔
装帧设计 | 孙丽莉　迟　稳
责任印制 | 訾　敬

出版发行 | 北京时代华文书局 http://www.bjsdsj.com.cn
　　　　　北京市东城区安定门外大街 138 号皇城国际大厦 A 座 8 层
　　　　　邮编：100011　电话：010-64263661　64261528
印　　刷 | 北京毅峰迅捷印刷有限公司　010-89581657
　　　　　（如发现印装质量问题，请与印刷厂联系调换）
开　　本 | 880 mm×1230 mm　1/32　　　印　张 | 7.25　字　数 | 130 千字
版　　次 | 2023 年 5 月第 1 版　　　　　印　次 | 2023 年 10 月第 2 次印刷
成品尺寸 | 145 mm×210 mm
定　　价 | 45.00 元

前
言

静不下心的孩子

在我小的时候，很多大人对我说："你啊，总是静不下心，别想东想西，要专心致志。"的确，我曾是个静不下心的孩子，没办法保持专注。一想到其他想做的事情，我就会喜新厌旧，迫不及待地去做。对眼前的事物，我只能维持三分钟的热情，不一会儿就厌倦了。因为我觉得做到这样已经足够了，便想去做别的事情。那个时候，我总觉得"好了""清楚了""明白了""差不多懂了"就可以了，之后就想去做其他事情。

被这样教导过的孩子应该不是只有我一个吧。

不过，我想就算是比较能静下心来（或者说表面看起来能静下心来）的孩子也曾被说过"要更加专心"。学校的老师也会用这句话来教导学生。社团也是如此，老师总是要求孩子们专注于训练和比赛。

长大成人后，我们也常常被要求专注。谁都有可能会把"专注是很重要的"挂在嘴边。看棒球、足球比赛直播时，解说员会说："这里必须打起十二分精神！"一方被另一方偷袭得手的时候，解说员又会以"不够专注"为由对比赛进行分析。

"专注力"这个词，几乎被人们当作是"集中精神的能力"。要具体解释这种能力到底是什么的话，我至今还是不太明白。然而，人们非但没有把它当成是一种问题，反而认为它是一种又好又厉害的能力。人们往往认为专注力越强越好，就像是能让任何问题都迎刃而解的、魔法般的特殊能力。

然而，刚刚的叙述鲜有提及专注力的坏处。我想，应该没有由于过度专注而导致失败之类的事情，因为对多余之事的关心好像不算是专注，把精力放在重要的事之外的其他事上也根本不在专注的范围之内。因此，专注似乎指的是把精神集中于应该关注之事。这么一来，好像专注的确只会带来好的结果。

我认为这样一种对专注的信仰是建立在"失败是疏忽、散漫导致的"这一认识的基础之上的。比如稀里糊涂地犯了错，或者稍微分神就导致意外发生，从这些失败的例子中得出的教训就是要"保持专注"。

我时常想，人就是会犯错的动物，尤其是我这种犯错多又稀里糊涂的人，甚至写一行字就一定会有一个错。虽然我以前心算速度很快，但如今计算也会经常出错。人从出生开始就不可能像机器一样完美地运作，这是我很早以前就明白的道理。为了避免一不小心就犯错，人们制造出了各式各样的机器。

从还未发明机器的古代开始，人们就已经构建了数不胜数的体系。对于重要的事项，人们反复检查、确认。但就算如此，人也做不到绝对完美的程度，偶尔的错误必然会发生。机器、体系都是为了避免失败和犯错而被发明、建立起来的。

机器基本上是不会犯错的，计算机不会出现计算错误。在正常情况下，机器不会像人那样一不小心就犯错。即便机器出现错误，也是因为人对其进行了错误的设置，或者人没有遵循机器的操作规范。

这么想来的话，专注的意思便是将人看作机器。虽然"专注力"听起来还不错，但其实就和"机器力"差不多，要求人违背人性、不分心、没有一丝杂念地工作。

磨蹭也不是什么坏事

至此，前文所讲到的专注指的是在众多的对象中选择一个给予关注的意思。可是，专注还有其他意思，那就是大家常说的，不要磨磨蹭蹭，要抓紧时间。这大概就是说，人应该选择好目标，然后专注于它，就能在更短的时间内获得同样的成果。

其实，我对于专注的这个意思也不是很懂，不过为了方便理解，想想与其相反的磨蹭是怎样一种状态就能明白了。磨蹭大致的状态就像这样：没有把注意力专注于该做的事情，而是同时进行其他事情，比如吃饭、聊天。

这个时候，虽然做该做的事情的效率下降了，但实际上，同时做的其他事情可能会产生好的结果，比如食物很好吃、聊天很有意思。因此，我认为如果把这些结果也纳入评价的标准之中，那么就会发现，分心做其他事情其实也不一定会有损失。孩子们也许是因为这样的想法才无法全身心地投入到学习中。

这种专注指的是，在规定时间内，从众多事情中做出选择，只做现在必须做的事情，把原本被浪费的碎片化的时间拼凑起来用于做一件事。正是因为做很多事就会花费很多时间，如果集中时间去做一件事，就能在短时间内完成。

无论是把注意力放在一件事上的专注，还是整段时间只做一件事的专注，也许都是一样的。那么，到底是把注意力集中在一件事物上的能力是专注力，还是说能在短时间内完成任务的能力才是专注力呢？

对专注力的质疑

回到正题，我在这本书中想论述的其实是对这种专注力的批判性思维。因此，如果非得说的话，我想来聊聊"发散力"的益处。

之所以使用发散力这样听起来有些奇怪的词语，是因为我经过粗略考虑之后，发现没有其他合适的词了。一说到发散力，总会让人产生一种把事物拆分、打乱的感觉，但是我觉得这个词并不是贬义词。

我原本丝毫没打算全盘否定专注力。非但如此，我还觉得专注力很重要。虽然说明起来很难，但我还是想着要把专注力的坏处说清楚。我希望大家能意识到，专注力并不是大家想的那样是什么了不起的能力，其实它与我们对它的固有印象是存在偏差的。

在我还是个孩子的时候，我没有将注意力放在大人们要求我做的事情上，而是放在了其他事情上，但那些事是我想做的、想考虑的。虽然这是我所谓的专注，但并不是一般意义上做事时应有的专注。另外，虽然没能把同一件事情长久地做下去，但从我自身的角度来看，比起一直做同一件事，如果能在一段时间内轮流做很多不同的事情，我就会产生一种自己有能力专注地做每件事，而且效率也不错的感觉。这是为什么呢？因为如果长时间做同样的事情，我就会变得磨磨蹭蹭。我总是想要按照大人们说的那样专心致志地去做事情，但最终还是会变成无法专注做事情的状态。

你明白这种感觉吗？我想，应该很多人都会有与我类似的感觉。

比如说，一旦不断重复同样的动作，人们总是会觉得无聊，这也许是因为大脑感觉疲惫了，所以自己的心情就变了。如果是这样的话，你就可以稍做休息，或者先去做别的事情。这样一来，你稍后就能重新振作起精神，再回到之前的工作中去。这也说明，保持专注本来就是一件苦差事。

因为我对专注的投入程度好像比大多数人更强，所以我无法像大多数人一样持续那么长时间保持专注。因此，我会在较短时间内将注意力转向下一个目标，这在我的日常工作中是再自然不过的事情。人们通常认为好奇心是专注的动力，因为事情让人觉得有趣，所以能够让人保持专注；因为事情让人开心，所以能够让人埋头做事。孩子们是天真率直的，他们既能专注于自己的头脑中所想的事情，又能马上将注意力转移到别的事情上。

大人会要求孩子持续做同样的事情，并且告诉他们那样才是专注。然而，我认为，其实孩子的专注是出于本能的。

当然，每个人都是独一无二的，都有自己的个性。但是在日本这个重视集体行动的社会中，每个人在某种程度上都被强制性地要求按照统一的规范做事情。学校的课程时长被设定为接近一个小时，大家在这段时间内多少都会接受做同样的事情的训练。这种为了实现"每个人都应该专注"的时间设定就是为协调每个人不同的个性而制定的。但是，一个小时对我而言太长了，我那个时候就觉得在如此之长的时间内专注于同一件事的效率太低了。虽然也许孩子不会考虑效率，但他们应该也接触过类似的概念。

课程安排强制要求孩子们整齐划一，这就抑制了他们的个性。虽然如果自己意识到了就能够注意，但其实还是有非常多的人没有意识到这点。坚定不移地认为专注、专注力是应该被追求的、被鼓励的东西的社会倾向早已存在，因而我们接受到必须为了这个理想而勤学苦练的教育。如果能够实现，自然很好，但对于像我这样很难保持专注的人来说，那样的教育很容易产生反作用。

"活出自己"讲的也就是这个道理，不过说起来容易做起来难。毕竟，很多成年人都不清楚自己到底是什么样的人，就更不用说孩子们了。专注力不是像体重和视力一样可以用仪器测量出来的，因此除了本人之外别人根本无从知晓一个人的专注力的强弱。运动天赋之类身体的特征相对来说容易从外部观察到，并且是可以被客观评价的。但专注力不是身体的特征，能够意识到它的只有本人，并且即便是本人也无法对它进行准确评估。

就像运动有适合自己的和不适合自己的，思维方式自然也存在适合自己的和不适合自己的。倘若接受千篇一律的教育和指导，有一些人就会产生"自己错了"的判断，从而感到巨大的压力。更严重者，则会生病，影响健康。

为了避免这种事情发生，我希望大家先知道，每个人都和这个世界上的其他人不一样。

放弃专注，发挥本能

　　上述即本书中想说的，对一些难以长时间保持专注的人来说，不如放弃专注，去做机器无法做到的、可以发挥人类才能的事情。

　　在年轻的时候，我当过大学老师。那是一份可以一个人埋头搞研究的工作。大学老师必须做的工作并不多，可以独自思考自己要做的事情，每天只要在"苦苦思考"中度过就行了，与一般的工作大相径庭。

　　与大多数工作最大的不同之处是，大学老师的工作内容都是自己决定的，有较强的自主性。乍一看，也许有人会认为这样的工作是非常舒适的。就算偶尔缺课、请假，大学老师也不会被任何人斥责，每一天都能做自己喜欢的事情。但是，大学老师的工作也有一个大体的目标，那就是要通过思考产生新的想法，然后将其实现。

　　问题不会摆在眼前，必须得靠自己去寻找思路，自己提出问题，然后由自己解决问题，没有人会告诉你如何去做。没有人知道问题的答案在哪里，这就是真正的"问题"，也就是研究。

以这些为工作内容的脑力劳动并不寻常。一般而言，需要"集中用脑"的只有所谓的"计算问题"。这是一项先要求计算，然后得出答案，如果正确就合格的任务。计算这种行为虽说是脑力劳动，却如同体力劳动一般。的确，能够集中精神，快速作答的人会获得"优秀"的评价，但没有人能赢过现在的计算机。

不过那个时候，我作为一名年轻的研究人员，必须"思考"的事情和"计算"不同。因为研究没有规定的步骤和程序，所以并不是专注思考了就能找到答案。

专注思考问题是必要的。一天都在同一个问题上反复思考是很难的，但若是习惯了便能不断思索。在这一过程中，可能在某一个瞬间顿悟，奇迹般地便想通了，这就是"灵光一闪"。

其实，一切都始于"想象"。我们应尽可能发散地思考，将眼前的问题"打碎"，取得突破和进展。突破的英文为"breakthrough"，指科学研究或外交谈判等的突破、进展，打破僵局。这么一来，思路打开了，看得就远了，在此以后，就是类似计算的工作了，只需要大步前进就可以了。

追求想法的工作需要发散思维，也可以说要寻找灵感。只要找到了起点，明确地指出了方向，剩下的就只是前进，然后解决问题了。这样看来，研究工作是只要付出了"劳动"和"时间"，谁都能做到的简单的、愉快的工作。

此处重要的一点是，所谓的只考虑一件事物的"专注"对于"发散思维"来说是很不利的。

根据我的亲身经历，考虑其他事情或者东张西望的时候，容易产生灵感，因为"提示总在稍微远些的地方"。如果专注于一件事情的话，就无法注意到远处的东西了。

我在49岁的时候辞去了做了25年的研究工作。我相信想象力是年轻人的东西，新的想法是从年轻人的大脑中产生的。我之所以这样想，是因为我的研究思路大多来自年轻时的想法。

辞去研究人员的工作之后，我成了一名专职作家。我在38岁时就发表了处女作。在之后的大概10年间，我一直将写作当成副业。因此准确来说，我并不是成为作家后马上辞职的。不过，我的作家职业生涯已经持续20多年，仅仅在日本就已经出版了300多种书。

对于一名作家来说，最重要的工作也是"思考"，可以说获得创意就是一切。只要有了创意，剩下的就只是写字这样的"体力劳动"了。从这个意义上来说，作家和研究人员的工作大同小异，使用大脑的方法也是相近的。

因为接受了对"使用大脑的方法""专注力"进行说明的约稿委托，所以我写下了这本书。虽然我是那种天马行空的人，但最初的构思也是必要的。

为了这个构思，我从被委托开始想了大概一年。然后在有了"啊，可以这样写！"的想法之后，我大约花了两个星期的时间就写完了。我一天只工作一个小时，也就是说我写这本书花了14个小时。

我认为没有必要为了获得灵感而保持专注。虽然在做某件事情时，我会在短时间内保持专注，但我的工作风格就是把总的时间分散到不同的项目上。

我认为，最重要的一点就是要认识到，工作中既有需要专注力的事，也要有不需要专注力的事。对此，我将在本书中进行详细叙述。

目 录

第三章
"发散思考"的好处在哪里？

第四章
思考力是从"分散"和"发散"中产生的

第五章
对思考来说，放松是必需的

第六章
想对为“无法专心致志”而烦恼的人说的话

第七章
我思故我在

后记

第一章

不专注是一种能力

为什么我们会觉得信息量很大？

在这个时代，有这样一句话总能在任何场合像枕词①一样被拿出来说："在面对海量信息的时候，我们应该如何对这些信息进行取舍挑选？另外，为了能让自己专注于工作，我们应该怎么做？"

的确，很多人都会认为当今社会的信息量过大，倘若有人认真对待每条信息，就会浪费大量的时间，精力也会随之被消耗。

不过，实际情况究竟如何呢？我们可以试着观察一下周围，就会发现所谓的"信息量太大"不过是与自己几乎完全无关的信息太多而已。例如，电视节目上发生了什么，或者娱乐圈的谁和谁做了什么，又或者是身边的朋友闲聊的事情等。毋庸置疑，这些杂七杂八的信息的确是

---

① 枕词是日本古时歌文，是和歌中常使用的一种修辞方法。将某些特定词语放在名词或动词前用于修饰或调整语句，这些特定词语被认为是它所描述的名词或动词的"枕词"。

"不断向你涌来"。在过去，人们在多数情况下通过看电视或者阅读书刊，或是通过和朋友的面谈来获取信息。然而，如今无论身处何时何地，只要通过智能手机，我们就能获得铺天盖地的信息。与其说是信息过多，不如说是我们获取信息更方便了。因此，我认为不能一概而论地判断信息量是否变大了。

当然，身处现代社会的人可以在特定时间内获得海量信息。这是因为自从计算机、手机等电子产品成了大众唾手可得的物品之后，世界各地都能够连接到互联网，信息共享的体系也得到了发展。由于信息供给呈现爆炸式增长的态势，如今我们能够在同一个终端内对所有领域各种各样的信息进行存取和检索。

就我个人来说，我对互联网真正产生"太厉害了"的感叹是20多年前，不过现在已经今非昔比了。智能手机普及后，任何人都可以轻松地使用互联网了。但是，现在由于形形色色的信息（其中大多数是广告）铺天盖地地出现在人们眼前，反而可以说信息的平均价值减少了，准确性也降低了。如此看来，就个人而言，没有用的信息增加了很多。

我们是不是正在被信息浪潮吞噬，甚至有溺水的感觉呢？

"我们要毫不遮掩地表达自己的直观感受"，这一点不像"应该经常检验产品质量"一样写在法律中，因为这并非强制的。说到底，接收哪些信息是由个人的自由意志决定的。尽管如此，不知为何，大家都像被莫名其妙的平等意识所支配一般，或者单纯为了贯彻集体意识，极其担心自己被孤立，因而进入"不得不做"的状态中，陷入信息的汪洋大海之中。虽然这谈不上是"强制"，却可以说是"支配"，而大部分人都被网络所支配。这就是所谓的"信息社会"。

大量的信息如潮水般涌来，你就像是没了干劲、无法专注于重要的事情上一样糟糕。也许生活在当下的社会的确就如同身处在淋浴房一般，信息带来的压力就像水压。只不过并没有人强迫你淋浴，而是你自己拧开了"水龙头"。我希望读者先搞清楚这一点。

身处信息大爆炸时代，我们该如何应对？

　　那么，在这样的"信息淋浴房"内，我们应该如何专注于自己必须做的事情呢？

　　答案有两个：一个是在被信息的洪流冲刷的时候，不去关注那股水流的存在；另一个是在无法忽略信息的时候，设法关掉"水龙头"。这两个方法都能解决问题，虽然说得很直白，但这其实不就是正确答案吗？

　　互联网原本就是免费获取信息的源头：向世界各地发送邮件是免费的，很多服务也是免费的。但是，有一点值得注意，那就是免费的网站上一定会刊登广告。就算是想在优兔（YouTube）之类的网站上看视频，也必须先看完广告。虽然这些广告是免费的，但占用了我们的时间。"时间就是金钱"这句话向我们鲜明地展示了时间的价值。换句话说，我们应该认识到如今的互联网已经不是免费的了。

新闻也一样，虽然是免费的，但大部分都用来做广告宣传了。就连非广告类的报道，媒体也会有意识地按照自己的倾向措辞。因此，如果将这些都纳入考虑范围的话，说大部分的新闻都是广告也没有错。说到这里，我们还应该知道，就算是真正的信息也会因杂乱的信息太多而变得不起眼，结果真正的信息会比过去更加难以被人们知晓。

正因如此，虽然大量的信息蜂拥而至，但其中很多都是像垃圾一般的闲言碎语，只不过因为是免费的所以人们才会接受这些信息。因此，这些垃圾信息会不断地向我们涌来，我们必须认识到这是自己选择的环境。只要先意识到这一点，我们就能更为冷静地处理信息。

绝对不使用社交网络

下面我将讲一下自己的情况。在大约30年前，我就已经通过电子邮件进行工作方面的沟通了，而很少用电话和传真。不过，因为我在大学里工作，所以经常会用内线电话。

但是，在我刚成为作家的时候，出版社的编辑往往没有电子邮箱。在互联网上拥有个人主页的人也比较少见，只有对互联网非常感兴趣的人才会去创建个人主页。当时，如果一个人想要收发电子邮件，不仅家里必须有计算机，还必须在电话机上连接调制解调器，因为当时光纤之类的东西还没有普及。

后来，随着互联网越来越普及，大众渐渐地都能方便地使用互联网了。一种被称为程序的系统被创造了出来，即使不用HTML①也能制作个人主页，传播个人信息也变得简便了。那个时候恐怕就是互联网信息"品质"的巅峰时刻了，那是21世纪初。再后来，想把更多人聚集在互联网上的企业开始发挥作用，只要点"赞"表示态度就能让人获得一种参与感，获得一种"我们之间是有联系的"的感觉。接着，社交网络出现了，推特（Twitter）和脸书（Facebook）等普及开来。虽然社交网络使用起来更加方便，但其实只是把评论从输入文字变成了单单用一根手指就能完成的动作，并没有增加新的功能。相比收发邮件和浏览网站，其实可以说，社交网络并没太大的进步。

这些"连锁反应"叠加在一起，信息就爆炸式地增长了。尽管有人工智能辅助，但是通过搜索引擎检索目标信息正变得越来越难。准确来说，大约10年前，我感觉在互联网上检索信息变得越来越不方便了。

因为我觉得社交网络只是汇聚了大众情绪化的信息，所以便决定从中脱离出来。因此，我只在大概10年前的萌芽期试着了解了一点社交网络而已。从那之后，我下定决

① HTML（HyperText Markup Language，超文本标记语言）是一种用于创建网页的标准标记语言。

心再也不用推特和脸书等社交网络了。苹果手机刚开始在日本发售的时候，我购入了一部。虽然我现在用的已经是我的第四部苹果手机了，但我最近也不随身携带手机了，一周只看一次消息。我用手机的主要目的就是方便维系人际关系，打电话和发信息也只是和亲戚朋友联系而已。我没有彻底放弃使用手机还有一个原因，就是获取灾害信息。

在我成为大学生之后，到我成为研究人员一边工作一边打算专职写小说为止，我从不看电视，也不读报纸。因为那和我的研究、爱好没有关系，既信息量不足，又没什么有趣的话题。如果有什么重大新闻，周围的人会告诉我，而且互联网也已经普及了，只要上网确认一下就可以了。

为什么我既不看电视也不读报纸呢？因为我觉得自己的时间很宝贵，在那些事情上花费时间很不值得。这样的状态在我开始写小说之后也持续了一段时间。在辞去大学老师的工作之后，我写作的工作量也有所减少，我偶尔会在网上看一看社会新闻。不过，我这么做不是为了获取什么有用的信息，而纯粹是为了打发时间。

在什么样的环境下能够产生灵感?

最初成为研究人员的时候，我一天几乎有16个小时花在工作上。我完全没有节假日，即使盂兰盆节和正月也在工作。总之，我多多少少也思考了一些东西。我这样做是因为研究人员的工作没有具体工作量的规定，并不是做到某种程度就可以结束工作的，而是无论怎么做都有做不完的工作。

在那段时间，我确实非常忘我地工作，甚至会忘记吃饭，我经常在回家之后发现自己还没有吃饭。一旦发现问题，我就去思考相关的事情，不断地问为什么、为什么、为什么。在调查所有相关资料之后，我就会进入沉思的工作状态。虽然我在看一些东西，也会写一些东西，却不是记录成果，而只是随便写写画画而已。这并不是"计算"，我完全没有沿着直线一直向前走的感觉，而是觉得自己的思绪正在脑海里踌躇彷徨，不断打转。

这样的思考一旦持续五个小时，我就会非常疲惫。但是不管花费多少时间，并不是一定会产生与其成正比的成果。没有成果，一切努力都是徒劳的。相反，产生灵感只是一瞬间的事情。

那就像是有什么东西一闪而过，为了不让它逃走，你必须聚精会神，潜伏在黑暗中，屏息凝气，小心翼翼地抓住它。也就是说，产生灵感的瞬间只是有什么东西像隐隐约约闪现的"幻影"一般忽然出现在脑海中。那既不是文字，也不是图形，而是似乎有某些关系、某些价值的念头，似乎是新奇的、仿佛"预感"一样的东西。

在多数情况下，就算你屏住呼吸抓住了那个"幻影"，最后也会发现原来那不过是个错误的幻觉；当抱着希望去进行实际的验证或者计算后，你也会发现那其实行不通。能够真正有用的想法是可遇而不可求的。

倘若积累了这样的经验，你就会慢慢知道什么时候比较容易获得灵感。不过，也许这并不是普遍现象，而仅仅是我的一己之见。

我认为，想要获得灵感，就不能太紧张，稍微放松一些比较好。所谓放松，是指如果在某个方面感到紧张，就会在其他方面感到松懈，结果就会在与现在面临的问题无关的方向上产生想法。大家可能都有类似的经历：考试的前一天，在为了考试科目拼命复习的时候，突然在其他事情上想出了有趣的主意。

因此，当思考遇到障碍的时候，可以让自己去思考别的事情，尽情地放松（比如旅行、投入到兴趣爱好中）其实也挺好的，因为这样产生的想法是完全不确定的、无法预测到的。

不过，从某一个角度进行反复的思考也是必要的。什么都不做，突然间就产生有用的灵感的事情是不存在的。最重要的是，要是没有经历反复思考的过程，你就无法发现灵感本身的价值。就算你想到了，也一定会眼睁睁看着它消失。因为灵感只是一瞬间出现的幻象一般的东西，所以为了能捕捉到那样的灵感，我们必须提前做好充足的准备。

专注的时候是不会产生灵感的

　　就我而言，我在研究方面大概有过四个重要的灵感，也就是差不多五年一个。可以说，一旦产生了一个重要的灵感，我就能靠它"养活"自己五年。

　　当试着回顾过去的时候，我发现那些重要的灵感是在当时思考的问题无论如何也不能解决，经过各种方式多次尝试也无法成功的阶段之后，我开始去做别的工作的时候，或者因为参加国际会议顺便学习、旅游观光后，突然就产生了。

　　就算是一般的灵感，也通常是我在停下思考几个星期，思路仍旧像一团乱麻时，坐车去参加学会的会议，从车窗向外眺望的瞬间忽然想到的。

　　产生灵感有两个必不可少的条件：一是你得专注于一件事情，也就是度过一段只考虑那件事的时光；二是你必须暂时把注意力从那件事情转移到别的事情上。

这是为什么呢？因为我不是脑科学方面的专家，所以我也不知道具体原因。不过，如果一定要说的话，我只能说灵感是不会在全神贯注的时候产生的。

虽然事先要将全部心思放在需要思考的那件事情上，但这并不是指要把精神一直集中在同一个点上。虽然一开始的确也可以称作是聚焦的集中性思考，但还是无法解决问题。换言之，因为我在那条路上已经无法继续前进了，所以我的思绪就慢慢开始发散：没有别的路了吗？没有别的解决办法了吗？有什么可以利用的东西吗？有什么可以借鉴的先例吗？在长时间持续"毛毛躁躁地胡思乱想"后，猛然之间，在自己的思绪完全没有考虑任何东西的时候，灵感就产生了。用个好听的说法，就是"无我的境界"。大脑因想东想西而变得无比混乱之后，若是突然安静下来，灵感便会浮现。

一旦多次经历这样的事情后，你就会明白，着眼于一点的专注思考反而会有不好的效果，而经常性"左顾右盼"式的"发散思考"的优点便显现出来。另外，只要涉及需要灵感的工作，大脑就会开始进行发散性思考。这是我到目前为止的亲身感受。

不要在处理信息时人云亦云、囫囵吞枣

进行发散思考的大脑是怎样的大脑呢？或者说，发散思考是一种怎样的思考方法呢？那其实就是不要陷入某件事情，就算是看着某物也要时常换个角度，从相反的立场去思考；对于自己的情绪、看法，立即尝试着去推翻；对于常识和寻常事物，要进行质疑……概括来说，就是多视角思考，不要将思绪专注于一点、不要轻信所谓的常识，进一步说的话，就是要有"天邪鬼①的脑子"。

重要的是，你要先进行观察。自己观察到的信息是很容易被大脑接受的。自己亲眼所见、亲身经历获得的信息，只要没有看错或者搞错就都是正确的。然而，如何把它们"输入"自己的脑子里面呢？我们必须在这一点上加以注意，绝对不要人云亦云、囫囵吞枣。

---

① 天邪鬼是日本民间故事中的恶神。天邪鬼会模仿他人的外表和声音、行为举止，拥有令任何事物反转的能力。

　　举个例子，如果网络上频繁出现某一事物的宣传广告，一般人便会觉得"这个东西现在很流行啊"。产生这种想法是很正常的，宣传方也正是因为希望大家都产生这种想法所以才花钱做广告的。在这种情况下，"这个广告最近播放频率比较高"才是正确的认识。"正在流行"这种印象完全就是"人云亦云"的认识。每次看到广告的时候，我都会自然而然地想"估计这东西卖得不是很好"，因为不畅销的产品才需要做宣传！

　　我觉得无论是现在的"话题商品"，还是女性的"人气商品"都是靠广告宣传。但是，靠着宣传广告暂时提升的人气在"广告轰炸"停止后马上就会消失殆尽。正因为有那样的担心，商家才不得不持续地支付广告宣传费。

　　每次看新闻，我都能看到很多热点话题，如霸凌问题、看护问题、教育问题、医疗问题等，这些问题在短时间内成为话题，被人们广泛地讨论。但是，这些事情究竟发展到了什么地步，我们是很难完全了解的。未成年人犯罪率真的在不断上升吗？老年人开车导致的交通事故真的在不断增加吗？美国"鱼鹰"运输机①是"故障机"吗？这些信息在传播的时候好像言之凿凿，但是仔细分析官方公布的数据就会发现那些信息未必是真的。那么，是谁、又是为什么要传播那些信息呢？也许，某些人出于让自己的业务、与自己相关的组织运营变得更为顺利的目的，故意传播这些信息。我想，这不失为一种恰当的解释。

因为我们日常接收到的大多数信息都是传闻，而我们又无法亲自求证，所以寻找多个信息源，然后试着去比较其中所列举的数据就成了辨别信息是否可信的最恰当的方法。文字会因为被刻意歪曲而无法揭示真相，但数据不容易出现被弄错了还发布出去的情况，因为相关数据之间存在关联性，所以局部造假很快便会暴露出来。因此，从某种程度上说，数据是可以信赖和参考的。

因为数据能被细分而比文字更贴近模拟估计。从前的天气预报播报的是晴天、阴天或雨天等，而如今用百分比表示概率，因为这种方法能更好地表现自然的真实情况。

---

① "鱼鹰"运输机是目前世界上唯一服役的倾转旋翼机，集直升机的垂直升降和固定翼飞机的高速度、大载荷、大航程等优点于一身。从投入使用以来，"鱼鹰"运输机已经造成了多起重大事故，造成至少37人遇难。自2017年起，日本横田居民为表示对"鱼鹰"运输机的不满进行了多次游行示威。

然而，"希望能够清楚地表示晴天或雨天"，迫不及待想知道天气情况的人肯定也是存在的。在文科生之中，应该有不少这种"数据人"。或许会有人觉得"怎么会有人在那种事情上都如此焦躁"，问出这种问题的人可能也会问"怎么能保证绝对安全"之类的问题。

说到这里，话题似乎稍微有些跑偏了。追问如何保证安全的人正是因为想追究个人的责任，所以才会进行那样的问答。就算有人说"核能发电是安全的"，也不见得就能提高其实际的安全性。就像虽然我被问过很多次："关于核能发电，你持有怎样的态度？"其实，无论我持有什么样的态度，对核能发电的安全性都不会有什么影响。

不管怎样，我认为关键不在于如何从繁杂的信息中进行选择，而是在于如何对信息进行加工，然后把得到的结果"存入"大脑中。

加工信息的意思就是将信息和自己拥有的知识和掌握的原理进行对照、过滤，或者进行判断。因此，想要加工信息，自己得先具备一定的知识、掌握一些原理。知识和原理本身也是经过加工、记忆的过程才被构造起来的，并不是在短时间内就能产生的。

那么，我们该如何是好？

　　我已经以思考的方法和掌握事物的方法为主题创作了多本书籍。但是，在我收到的读者的来信中，有很多读者写道："我发现您指出的问题和我的现状完全一致。那么，为了改善这种情况，我应该如何做呢？请您给我一些具体建议。"

　　虽然我在很多文章中都会指出容易出问题的思维方式，但是"纸上得来终觉浅"，而且我也很少提及具体应该采取什么样的对策之类的问题。

　　本书也是如此。有很多人都抱有诸如"想对信息进行加工然后长久地记下来，具体应该如何做""想提高思维能力，应该怎样训练"之类的疑问。当然，如果读者能察觉到自身的状态，意识到问题所在，便能证明自己的大脑是灵活的，想要提高的态度也很端正，那就已经有了一个好的开始了。

但是，人终究还是得靠自己走出第一步。如何改变自己的思维也只能是自己考虑的事情。不要焦躁、多下功夫、反复思考，随着时间推移，你就能渐渐地培养出善于思考的大脑，改变看待问题的角度。

最近，我经常能够看到"只要注意××，事情就能解决了"之类的广告语。"容易疲惫的人只要喝了××饮料马上就能重振精神""用了××就会觉得工作更加有趣""只要改变××，人生就能变得一切顺利"，虽然这些广告宣传语如同垃圾一般到处都有，但不管从什么角度看，这都是信息社会才会有的东西。

"做××就能赚大钱"的宣传广告正是一个好例子。但是按理说，如果真的那么赚钱的话，为什么做广告的人要把赚大钱的方法推荐给别人，而不是自己去赚呢？我想大部分人都会有这样的看法。类似的广告还有"一生保障""养老安心""为了实现梦想"等用华丽的辞藻包装的广告。有一点可以肯定，那就是出钱的人是你，而对方给你的是（对于对方来说）使用价值相对更低的东西。这是所有商品交易和工作的基本原理。只要明白了这个道理，牢牢记住并时常想起它，你就不会轻易地上当受骗了。

即便如此，人还是会被骗。人被骗是因为自己当时把注意力都集中在了一个点上，而看不到其他事情。这就和发生突发事件时，人们很难冷静下来一样。大家多多少少都会有这样的倾向，我希望大家能认识到这点并且时刻注意。

这就像很多人一旦眼前有了想要的东西就去冲动消费，把所有的热情都投在了自己想要的东西上。人们在遭遇诈骗的时候也是类似的情况，忽然间陷入恐慌之中的事例不胜枚举。人们会因为觉得很糟糕，导致"头脑发热"，所以很容易变得无法冷静思考。

冷静思考是做出准确判断必不可少的条件。也可以说，冷静思考是不要过分将思维集中于一点，进一步说，这其实就是一种近似于"发散思考"的能力。

"冷静"是什么?

如果要对"冷静"进行分析的话,我想说其基础是客观和理性。倘若一个人仅仅主观地去看待事物,就会对周围的情况产生过于乐观的估计,而对眼前问题的本质产生误解。这样一来,最终就会导致他无法及时解决问题。另外,理性思考会产生排除情绪因素的效果。遵循理性思考问题,自己激动的情绪也能变得平静。

很多人认为,就像有人很容易发脾气一样,也有人是天生就能够冷静下来的性格,其实不然。冷静是因为提前思考对策、做好准备而产生的。换言之,那是因为能够预测问题的存在和找到问题的应对方法。正因为冷静的人事先想好了对策,所以遇到问题就能够不慌张。因此,越是脾气急躁的人,就越应了解自己的弱点,为了弥补自己的弱点,他们应当事先考虑方方面面,遇到问题时,就可以显得比较冷静。

　　最近，网络上无论出现什么样的新闻都会迅速成为大家讨论的热点。这么看来，似乎日本人都变得很急躁了。

　　那并非因为发脾气而急躁，有人说那其实是"冷静的愤怒"。的确，比起站在自己的立场上生气的人来说，因抱有"请注意你的言论会伤害到他人"的看法而愤怒的人更多。他们会宣扬"我很冷静""我是对的""我代表的是正义"。但我们能看出其渴望获得大众的认同，希望和众人一起愤怒的心理。或者说，"点火"的人虽然只点了"星星之火"，却幻想它能够以燎原之势席卷网络，幻想众人都认同他的想法。这难道不是妄想吗？

　　我觉得，如果想要指出明显的错误，对象不应该是大众，而最好是直接跟当事者去说，没必要遮遮掩掩。这才是真正的正义。这样不和周围的人一起去指责别人就能解决问题，这种简单直接的方法不是也很好吗？

　　渴望让某事成为热点的心理被认为是"专注力症候群"的特点之一。大部分人在集中精力干一件事情的时候都会产生连带感，而这本身就是一种本末倒置的行为。

　　对于思考方式与大众不一致的人来说，恐怕不会对这种事情感兴趣。毕竟这些人就算成了众矢之的也不会受到任何不良的影响。其实，我对这些事情也是毫不关心的。

但我是一个心直口快的人。倘若身处那样的环境，喜欢直言不讳的我很有可能会时不时地成为网络的热点，被人议论。虽然说被人抨击也没什么，但是这会浪费我的时间，让我感到麻烦，因此我很早就从网络世界"脱身"了。

会察言观色的人在想什么？

原本像天邪鬼那样看待事物，会客观地进行思考的人就绝对不会只从一个角度看问题。认识到自己和大众的观点相悖的人并没有多少，但正因他们有自己的见解，所以也会了解不同的思维方式。只需言及一二，他们就能知道自己是如何被误解的了。

因为他们的思考不专注于一点，所以能够从不同的角度看待问题。换句话说，如果自己是少数派，就容易理解其他人的观点，自然而然也就会尊重与自己立场不一的人。这是多数人容易忽略的很关键的一点。

"常识"往往是多数人的观点。少数人多多少少都经历过一些"非常识性"的事件，然后用自己的理论对其解释，比如"那个人肯定有什么不得已的苦衷""他肯定是误会了""这么做并没有恶意"之类的。正因为拥有"非常识"，所以这样的人不会想着责难或是排斥他人，而是以礼貌的态度，给他人基本的尊重。

因为多数人对自己持有的价值观坚信不疑，很多人会排挤那些持有不同观点的人，通过察言观色拼命成为多数派的一员。因为通过非议少数派，他们可以确认自己是属于多数派的。很多人认为，与自己意见不一样的人就不是自己的朋友了，甚至会敌视少数派。对此，我无法认同，因为我觉得有不同的观点是很正常的事情。

认识到自己的观点和多数人不一样的少数派并不会把与自己意见不一样的人当成敌人，因为他们知道观点不同是正常的，并且正因观点不同才有了讨论的空间。通过不同观点的碰撞，就可能得出更好的结论，因为讨论本身就需要即使存在分歧也要保持尊重对方的姿态。一旦本方的观点遭到反对，多数派的人往往就认为对方是在和自己争辩，因此无论如何也要说服对方。少数派的人往往会把反对意见当成是一种讨论，认为虽然很难说服对方，但可以双方各退一步达成妥协。

即使对待同一件事，每个人也都会有自己的看法，这是再正常不过的事情。多数派的形成就是受到了"人多力量大"这种想法的驱使。要么大家的意见都差不多，要么大家都没有意见。在大多数情况下，多数派就是这样达成一致的。正因为他们是这样聚集起来的，所以难免会存在看法不统一的情况。一旦因为利益而产生分歧，整个集体就会瞬间分崩离析。

在个人的头脑中，情况恐怕也是如此。人们总是有将自己的想法总结出来的倾向。有时候，即使我们无法做出准确的判断，也必须决定自己的立场，这是一种强迫症似的心理在作祟。有时候，我们想要在有限的选项中做出选择，因为我们不想自己思考答案，这其实是一种懒惰心理的表现。

但是，如果不考虑必须立刻做出选择然后行动的情况，通常来说，保留不同的意见而不是立即做决定会是比较好的选择。无论是赞成还是反对，都得自己认真思考后做决定。"现在赞成因素和反对因素的比例是六比四，我大概应该赞成这件事"，这样的想法就留了一些余地。这样一来，如果接收到了新的信息，我们就可以灵活地调整自己的意见。否则，一旦做出了选择，就无法再做任何调整，本就顽固的思维也会不断僵化。为了得到对方的建

议，在询问他人观点的时候，我们不应夸耀自己的见解，

而应积极地倾听他人的表述。这是很重要的，否则我们就

无法做到"见贤思齐"，讨论的价值也就不存在了。

所谓专注，就是"机器一样地工作"

"专注"并不是有百利而无一害的特质，随性的发散思考是产生只有人类才能创造的"灵感"的源泉。本书中有一些散文式的内容，我想这正是在发散式地展开话题。这么一来，我的论述就不会直线式地一路走到底。这种跳跃式的自由思考在每个相关的话题点出现时都会自动出现。我想，这就是有别于机器的人类才有的创造性的思维方式。

我在大学授课的时候，就算不夹杂废话、条理清晰地讲解课程内容，也有很多学生会在课堂上睡觉。由此看来，无法保持专注是人类的本性。也许这种"吃道草①"和发散思维其实是上天对人类的恩赐。

---

① 吃道草在日文中意为去目的地的中途跑去干别的事情而耽误了时间。

今后，随着科技不断发展，很多工作也会由人工智能代替人类去完成。虽然有很多人担心这样会造成大量工作岗位被人工智能夺走，但我觉得如果人类不用工作其实也挺好的。那样的话，人类就能比现在更加自由自在了。一旦人类变得更加自由，就可以安心地享受无谓的"吃道草"，这也不失为一种乐事。

现代社会要求人们专心致志，结果就导致人像机器一样地工作。但是，一个新的时代即将来临，在那个时代，这种要求将会失去意义。

第二章

想对为『无法集中精力在工作上』
而烦恼的人说的话

专注并不一定只有好处

我在前文论述了近些年来信息社会中比较明显的倾向，以及个人为了适应社会变化应该采取什么样的措施。不过，这样的论述可能过于抽象，因此我将在本章中谈一些更具体的话题。我想，如果通过一个个案例来论述就无法避免地会涉及一些特殊条件，我要说的是我个人的做法。虽然这显然不是放之四海而皆准的法则，但我觉得每个人都能从具体的例子中找到自己可以借鉴的地方，然后结合自己的情况和所处的环境综合运用。

对于"具体该怎么做"，我不得不重复之前的话。我无法清楚地了解每个人的特质、身处的环境和成长经历。就算我知道，我和别人的思维方式、知识储备也是不同的，因此没有办法给出标准答案。自己的问题还是需要自己想办法解决，自己思考问题的方式会成为自己生存的基础。通过解决问题，自己的思维方式会发生转变，以后的人生道路也一定会变得更加顺畅。任何人都是这样一步一步往前走的，只不过有早和晚的差别罢了。

接下来要展现的是策划本书的编辑对我进行邮件采访的内容。因为采访是以"作家使用大脑的方法"为主题开展的，所以里面会介绍森博嗣（我）的做法。我们将站在"专注理所应当是有用的"立场上，去寻求如何做才能实现集中注意力。虽然说森博嗣（我）对专注力的看法与这个立场是存在偏差的，但我想这个立场也许更加符合大多数人的认知。

这种误解的存在成了我写下这本书的契机，我想这些对话恰好也能够为消除这种看法派上用场。接下来就让我们一起来看看吧！

作家的脑子里装了什么？

问："据相关报道，近十年产生的信息量是过去的500倍。我们经常接触社交网络，生活在一个信息量非常大的时代。在这样的时代中，'无法集中注意力于眼前的事物''没有时间'之类的烦恼正在不断增加。对于这样的烦恼，我曾想，作家的集中注意力以及处理信息的方法是不是能够让读者借鉴呢？森先生，您能否告诉我们在现代社会中，将大脑中的知识'输出'的最好的方法是什么呢？"

森："作家有很多不同的类型。比如，我正在写的是小说和随笔。小说完全就是虚构的世界，因此我觉得作家的工作就是把脑袋里构想出来的东西写下来。虽然这是因人而异的，但就我而言，小说与现实生活是毫无关联的。因此，我并没有特别注意到现代社会信息量太大的问题，这对我的创作也没有产生什么影响。不过，因为出版行业是将作家的作品变成图书，使其在社会上流通，所以在这个环节，我与现实社会有很深的联系。从商业的角度来说，认清现在是怎样的时代对每个人都是非常重要的。

"对我来说也是如此。因为本书是以在当前社会生活的人们为对象创作的，如果我创作的内容不能引起读者的共鸣，就会成为让人读不下去的作品，也就是卖不出去的商品。因此，判断现在的社会是怎样的、存在什么问题、个人应该如何做是我必须思考的问题。我思考的结果将为他人如何解决问题提供指导，这可以说是某种使命了。如果一本书能够让人会心一笑，或是让人获得内心的平静，那就是一本好书。

"作家最重要的工作是'着眼'和'构想'。换言之，就是把思考的方向聚焦于某处，然后让人从那里能想到什么。如果要问我该怎么做才能实现，我认为有两点很关键：一是要将目光投向各种事物，四处寻找灵感；二是不要拘泥于特定的事物，而是自由自在地思考。也就是说，对于作家来说，重要的并不是专注力，而是与其相反的发散力。"

问："那么，我再问得具体一些吧，开门见山地说，您持续高质量地创作的秘诀到底是什么呢？"

森："关于我的作品质量高不高的问题，因为我不知道作家们作品的平均质量到底怎么样，所以我也没法对自己作品的质量进行评价，不过我也在力所能及的范围中竭尽全力地创作。至于说持续创作的秘诀，我觉得自己并没有诀窍。因为我把它当作是一项工作，也不能随心所欲地写自己想写的东西，只是在有出版社向我约稿的时候，我按照顺序选择自己能够创作的内容，在时间允许的范围内完成工作而已。因此，我持续创作的理由，其实是不断有出版社向我约稿。

"那么接下来，问题就变成了为什么一直有出版社向我约稿。这是因为至今为止，我创作的作品都有相应的商品价值——持续受到读者欢迎。我没有写过自己想写的内容，都是按照约稿的要求进行创作的。我最初也写过一些市场前景不明朗的书，后来我根据读者的反馈和作品的销量进行分析，思考读者究竟需要什么样的书，从而一点点地改变自己写作的内容和方式。

"我一点也没有'对自己创作的作品绝对自信'之类的想法。其实，我自己不读小说，也不是那么喜欢小说，只是因为出版社向我约稿，而我根据约稿的要求来创作，仅此而已。

"我认为世界上大多数的商业活动也都是这样的。但是，好像有许多商家都坚信自己的商品是优秀的，认为自己的商品卖不出去的原因是宣传力度不够。我认为，他们显然是弄错了。当今时代，只要生产出满足消费者需求的商品，就必然会有一定的销量。即使不刻意宣传，在信息高速、广泛传播的现代社会也是可以做到这一点的。"

问："我听说森老师的写作速度非常快，能在短时间内完成一部作品。请问您是如何做到集中精力写作的呢？普通人都有无法长时间持续做一件事的烦恼，森先生没有这样的情况吗？"

森："这个问题的答案很简单。如果觉得做一件事情很困难，那就不要勉强自己去做，这不是也很好吗？我觉得，可能人们是因为采用的方法不适合自身的情况，所以会感到困难，这时应该去寻找更适合自己的方法。当然，无论做什么事都会有难度，如果不迎难而上，也就没有了做这件事的价值，或者说，这件事情也就没有做的意义了。

"我用计算机写作可能确实速度很快，但这只是因为熟能生巧。从20多岁开始，我的工作就需要大量打字，我只是习惯了而已。比如，我们在输入密码的时候，因为已经有了肌肉记忆，所以不需要在脑海中想密码，手指也会自然地输入密码。其实，写作快慢没有多大差别，就像有人走路快，也有人走路慢，差别再大充其量也不过是差两倍或者三倍而已，我觉得不需要非常在意。如果比较慢，就尽可能地利用好时间，反正写作并不像考试那样有明确的时间限制。

"我能够集中精力写作的状态大概只能持续10分钟，在这段时间里，我大概可以写出1 000字。这种状态保持10分钟左右，我就会感觉很累，而且也会对写作感到厌倦，因此我就会暂且先去做别的事情。在大部分情况下，我会去做点手工，或是到庭院里和狗玩耍，或是在网上浏览一些看起来很有意思的网站。因此，在做别的事情的时候，我就会完全忘记了写过的文章的内容，也不会去考虑写文章的事情。

"像这样的放松活动，有时我就做5分钟，有时连着进行好几项的话会花费2小时。结束放松后，我就回到计算机前，看到屏幕上的文字，回想起先前的思路了，于是我又集中精力工作10分钟，继续创作。

　　"我平均1小时能写6 000字，但不是不停歇地写，而是10分钟写1 000字，然后折合计算出来的。马不停蹄地写1小时，对我来说是不可能的事情，那样实在太累了。

　　"更进一步说，与其说累，倒不如说长时间工作会令我感到厌倦。因此，工作10分钟后，我就会变得不能集中精力，眼睛和手指都会很累，大脑也会感觉很疲倦。因此，我一旦把注意力从集中精力的对象上移开后，就会完全将其抛开，去做别的事。等我的精力完全恢复了，我就可以抖擞精神，立刻就能以最佳的工作状态开始写作。

　　"这不仅限于写作。做手工是我的兴趣之一，我在做手工的时候也是如此，每次做30分钟左右，我就会感到厌倦。这时我就会把做手工的事情放在一旁，把目光投向别的事情，尽可能地去做不同的工作。比如，做完金属加工之后，我就去做喷漆，然后就去庭院里用小铲子掘土。将许多工作排好顺序，然后一点一点推进，这就是我的做法。换言之，这就是设立多项任务，然后同步进行。

我想，无法长时间专注于做同一件事的人之所以能做完工作，也许就是像我这样按照自己的方法推进工作。

"因此，当有人说自己'能不厌其烦地坚持做一件事'的时候，我也会感到很惊讶。后来我发现，像我这样会因为容易产生厌倦感而无法长时间集中精力做一件事的人并不少见。"

有能让人进入工作状态的"开关"吗？

问："我觉得一拿起笔，马上就可以开始创作是一件了不起的事。真的有所谓的'进入状态'这种事吗？有开启工作状态'开关'的方法吗？"

森："在创作之前，我会先听听音乐。一般来说，播放音乐的时候，真空管扩音器会传出巨大的嗡鸣声。这样听音乐对我来说是一种很大的乐趣。不仅如此，我在创作时也会听选好的歌曲，我每次听的都是那么几首歌，连播放顺序都是固定的。对我来说，这样听音乐的作用基本上就是让自己进入工作状态。

"只要一听这些歌，我马上就可以开始创作，就像条件反射一样，已经形成习惯了。这样一来，在写作的10分钟里，我就可以摒弃杂念，全身心地进行创作。"

问："那么，您有固定的写作时间吗？"

森："我并不会事先安排好时间，也从来没有固定的写作时间。我有时候会在一大早就开始写作，有时候则在半夜才开始写作。我写作的时间总是零零碎碎地分布在各个时间段。如果一天之中有零散的时间，但是因外出等原因而无法在白天完成写作计划，我也会利用晚上的零碎时间完成写作计划。

"但不管怎样，我每天都会写作。我会在日程表中计划好每天要写多少字，然后按照计划完成任务。我基本上能够做到提前完成任务，从来没有落后于计划过。就算突然发生紧急的事情，比如父母离世，我不得不回去办葬礼，我也会严格按照计划完成写作任务。换个角度讲，我觉得，既然计划已经如此松散了，那我就更应该按时完成了。有时候，我也会感到非常不想写作，但为了完成已经制定的计划，我就会强迫自己去按照计划执行。"

问："您为什么不把写作的时间固定下来呢？"

森："其实，你是想知道我为什么没有固定的写作时间。可是，我为什么要把时间固定下来呢？我每天早上起床的时间、吃饭的时间、洗澡的时间、睡觉的时间都是固定的，就算是休息日也不例外。与此相比，我一天当中的工作时间可以说是非常随意了。我想，这也许是因为工作并不会令我感到愉快吧。"

问："工作会让您感到不愉快吗？"

森："是的，工作不会让我感到愉快。如果可以的话，我想一直做手工，但如果不工作的话，我总觉得愧对家人。我想正是因为有这样的愧疚之情，所以我才会不情不愿地工作。

"不过，正因为不情不愿，我的工作才能更加持久。如果工作让我感到很愉快的话，我就会不知不觉地沉湎其中，也会占用更多的时间，并且可能会过于专注。久而久之，我可能会感到焦躁不安或导致健康受损，而且会因工作过度而感到厌烦。若是如此，我必然无法创作出优秀的作品。"

不要压抑你的干劲

问："很多人会在工作中逐渐感到疲惫，因此无法继续工作。您也会有这种毫无干劲的时候吧？请问在这种时候，您有什么可以消除疲劳的诀窍吗？"

森："我就是这样的。每当觉得头痛、毫无干劲的时候，我就会在短时间内停止写作，去做一些其他事情来缓解疲劳。但是如果是在公司上班，和许多人一起工作，我就不能自己想干什么就干什么。这种工作方式显然不适合我这种懒散的人。我对此是有自知之明的，因此我很快就从公司辞职了。

"在大学任教的时候，我可以根据自己的喜好随意研究。虽然这样很好，但是要参加很多会议。那时，我每天肩酸头痛，苦不堪言。但是我现在完全没有这些毛病了，我想这正是得益于我如今毫无压力的生活方式。"

问："您的意思是说，要有意识地接受休闲和娱乐，对吧？"

森："从小时候开始，我的体质就不太好，有很多普通人能做到的事情我却做不到。因此，我很早就学会了如何妥善使用自己的身体。例如，我已经有近40年没有熬过夜了，我不会全神贯注地一直做一件事，而且我绝对不会加班。如果那样做的话，我的身体会有很大损耗，我的工作效率也会很低。"

问："那么，您是刻意地压抑自己的干劲吗？"

森："我并没有您说的那样鼓足干劲，不过是按照自己的习惯工作而已。干劲这种东西，自然而然就会产生，这就是通常说的'来劲了'。不过也有人无论如何都觉得'进行不下去了''对工作和学习提不起兴致'，那也可以保持消极的态度把事情做下去。当然，我这里说的是如果不做就会有麻烦的情况。我觉得，如果不是非做不可，那么不做也行。

"我认为，不必费力去纠结做与不做、喜欢与厌恶。我很不理解那些无论如何都会强迫自己喜欢工作的人，其实根本没有必要欺骗自己。

"这就像哄骗似的对孩子说他能够开心地学习，或者告诉他能让他喜欢数学的方法，对那些感觉不开心和无法喜欢数学的孩子来说，这些方法是很难有效果的。有些人因为过分追求能够让自己开心的工作，稍有不顺，就会对工作感到失望。其实，学习和工作本就无法让人像玩乐一样开心，令人感到有些痛苦不是理所应当的吗？我想再一次强调，人类就算感到痛苦，也会在综合考虑将来的利益后做出适当的行动。

"因为我从来没有过全身充满'干劲'的感觉，所以也不存在压抑干劲这回事。我工作的动机就是为了获得报酬，然后用拿到的钱去做自己喜欢的事。这样，我就获得了相对的自由。虽然这么做并不是我工作的所有的原因，但主要原因就是这个。

"我觉得，虽然工作可能令人厌倦，但其中必定也会有一些小乐趣。发现工作中小乐趣的技巧也确实是存在的，那就是把这种小乐趣当成'工作的快乐'和'工作的价值'。"

让另外一个自己成为自己的"监督者"

问："大部分人都很难下定决心开始工作，那么您是如何做到的呢？"

森："无论是处理工作还是做自己感兴趣的事情，道理都是相通的。'万事开头难'，最关键的就是开头的一步。同样，我们转动某个东西的时候，一开始要使出很大的力气。因此，一旦开始行动，我们就可以凭借较少的力量逐步推进了。

"这和'自我说服'的意思差不多。在做一件事情之前，我们会思考这件事是否有做的价值、是否能取得成功。在事情开始的时候，我们难免会有各种各样的迷茫和顾虑。我认为，那些想要在一件事情开始之前就大致准确地预测结果的人，大概是想尽可能做到完美。但如果大家都像这样想要准确预测结果的话，很多事情就永远无法开始了。

"即使我并不享受写作，也会有一个最低限度的回报，那就是可以获得稿酬。但是，我在做自己感兴趣的手工的时候，即便完成也不会有任何回报，因为那仅仅是为了自我满足而已。这种情况下，如果我质疑自己得到多少满足感，考虑是否值得花费时间做手工的话，我就会渐渐变得无法开始做手工了。

"总结起来，我认为只要去做，就可以得到做一件事相应的快乐，即使失败也能得到相应的回报。因此，只要开始做事，我就会有收获。但是，即使这样想，有些事情也会让我感到难以着手，做事的计划也会一点一点地被推迟。

"这种时候，我就会想象另一个自己，一个类似于监督者的角色。之后，我就开始整理房间，提前将工作需要的设备和材料准备好。如果是写小说，我就会制作文件夹，写上小说的主题和目录，整理出场人物表。这样一来，在准备工作做好之后，我就将自己逼入了不得不开始的境地。我们都明白，很多事即使自己不想做也不得不做，人只要活着就得面对这样的情况。于是，有的人就做一些别的事来搪塞、敷衍，含糊其词，为自己找借口。比

如，不知道为什么思绪混乱、无法集中精神，或者没有设
备做不了，又或者尚未下定决心，等等。因此，我提前做
好准备就是不给自己找借口的机会。"

进入能让大脑产生奇思妙想的状态

问："那么，您在考虑抽象的东西时，有没有什么要点呢？您之前说过，您会用半年的时间来考虑书的主题，但每天都会想一下。"

森："这是一个很难回答的问题。因为我不知道用什么作为书的主题，所以我就只有多花时间去想。人的脑子不是机器。我认为，这就像我们将种子埋进土里，需要等待种子发芽一样。这样一想，通过某种方法进行计算就能得到好的想法是不可能的。如果可能的话我也不会花半年时间去想一个主题了。

"但是，每个人得依靠自己独有的眼光发现破土而出的萌芽。这种'眼光'在某种程度上可以说是一种经验，或者是一种判断能力。在判断某种想法是否可行时，迅速地判断和从其他视角观察就起作用了。我们要思考如何对这种想法进行加工、别人会怎么看待这种想法。虽然这是大家日常说的想象力，但并不是发散性思考，而与'计算'有些相似。比如，使用人工智能对这种想法进行评估就能较为容易地得到基本正确的答案。

"虽说我会花费半年时间思考主题，但是我也不可能花半年时间一直思考这个问题，而'每天都会想一下'意味着我一直惦记着这个问题。如果一直惦记着这个问题，我看其他东西的时候也会联想到它。当我看到不同的事物，我总会强行将并没有什么直接关联的事物联系到一起，思考做某件事情是不是也能使用某种特定的方法，或者某两件事物是否能够进行类比……这也是我不适合集中精力思考创作主题的原因。因为我总是通过这种方式思考，所以等到我想出主题时，半年时间就已经过去了。

"因此，一旦我确定了主题，之后的事情就简单了，剩下的就只是'码字'。如果明确知道了目的地和路径，那么剩下的就只是不断前进了。对于写小说来说，如果确定了主题，我只需要十天半个月就能写完。当然，我得确保每天有一个小时用来写作。

"到了这个阶段，我就感觉到自己能控制写作的速度。因为我的性子比较急，一看到目的地，我就想一鼓作气地勇往直前。因此，为了不让自己太累、保证工作质量，我会刻意放慢前进的脚步，不要过快。这确实是需要我自己注意把握的。"

问："您的意思是等待构想产生的时候，重要的是不要集中思考，对吧？您能给我们详细解释一下吗？"

森："思考是集中的还是发散的，大概是因人而异的。但是我认为，不把注意力都集中在一个点上的状态就容易进行发散思考。大脑是什么样的呢？因为没有看过，所以我也不得而知。但是，集中思考只是在一部分资料中进行信息选取和加工。如果在集中思考的资料中就可以找到答案，那么就没有必要展开想象，只需通过计算就可以得到结果了。不过，通过想象，我们可以得到与平时的想法稍有不同的灵感。想得越远，越可以获得谁也想不到的、具有划时代意义的想法，从而提高创作的品质。不过，由于需要处理的信息不断增加，所以关联越不紧密的信息，处理起来就越棘手。能够把相关性弱的信息联系到一起的都是灵光一现的联想。

"我通常先浏览大量资料，让自己不要被眼前的东西和固有的概念禁锢，试着找到看似毫无关联的事物之间的联系。寻找偏离常识的说法，关注一些看似无用的信息，在脑海中把一些避讳和禁忌替换掉，进行多角度思考是很有必要的。当然，还有一点也很重要，那就是不能忽略对各种想法进行客观的观察和评价。因此，进行'东张西望'式的思考并对其进行适当的约束是很有必要的，这样不同的思考方式共同推动我们的思维向前迈进。这就是我说的'发散思考'。"

问："那么，我想知道，如何才能做好发散思考呢？"

森："探求如何才能做好某件事的典型思考方式就是集中思考。如果你想知道如何才能做好发散思考，那就放弃日常那种想方设法做好某事的思考方式，这就是发散思考的基础。"

问："思考的'发散'和'集中'也可以换成'扩展'和'收缩'，这样说没错吧？那么，这个过程是怎样的呢？"

森："有实体尺寸的东西，无论如何都能进行'扩展'和'收缩'。但是，大脑中究竟有没有那样的空间存在呢？我也不知道。

"刚刚我说过，多角度思考是非常重要的。另外，我也说过'东张西望'式的思考和适当的约束要共同运作。我觉得我的大脑中像是有几个人同时存在，发散思考就是'他们'各自做不同的事，集中思考是'他们'合作完成同一项工作。因此，当我发散思考时，如果我想要把'他们'聚集在一起，安排'他们'从事受统一调配的工作就会非常艰难。我想，能够在这两种思考方式之间轻松切换的人应该不多。

"社会上有很多不同类型的工作，擅长发散思考的人和擅长集中思考的人适合做不同的工作。艺术家或者作家就是以发散思考的方式工作的，因为这些工作都是可以一个人完成的。换句话说，不是一个人可以完成的工作，适合擅长集中思考的人。

"因为教育方式的关系，大多数人擅长集中思考。但是，这样的思考方式灵活性不足，因而不容易产生灵感。就算有一些新的想法，也会因为大家都集中在一起对同样的东西进行精准判断而无法接触到更多的信息源，导致最后陷入寻找如何做好某事的具体方式的窘境之中。"

问："您的著作中时常会出现一个叫作'思考实验'的词语，这与获得灵感有关系吗？那又是怎样一种思考方法呢？"

森："这是很久以前就有的词语了，就是去设想，如果有某种假说成立的话，要如何对相应的某种现象进行观察。虽然我觉得这种思考方式是谁都可以做到的，但是一般人很少会把思考实验时想的事情付诸实施。可以说，有常识的人都知道，就算做了思考实验，也未必会对实际工作有什么帮助。

"但是，难道大家没有想象过自己如果是其他人的场景吗？尽管自己终归也不会成为那个人，但是这种想象真的就没用吗？在理解别人，或者说服别人的时候，这样的换位思考是很重要的。

"这种思考方式在写小说的时候是必不可少的。小说本身不就是一种思考实验吗？

"其实，我并不清楚这种思考方式到底有多大作用，而且这和原创性也没有什么关系。这些都无关紧要，重要的是判断它能不能创造价值。对我来说，想出的东西有原创性，就意味着有创作价值。

　　"另外，我认为思考实验其实是很常见的思考方式。普通人平常也可以思考，如果别人以某种方式行动的话，自己应该如何应对之类的问题。"

很多人只会做出"条件反射"

问："那么，请问您是如何看待'用自己的大脑去思考'这个说法的呢？您会因为自己和别人想的东西一模一样而感到担心，或者产生类似的感觉吗？"

森："是啊！一般人说'我考虑过了'，大多只是从常识或者既有的知识出发来思考问题。老实说，我认为这并不是思考。举个例子，当你看到信号灯变绿准备过马路的时候，你真的'考虑过了'是不是信号灯变绿就是安全的这个问题吗？

"事实上，这仅仅是做出与周围环境相契合的'条件反射'，而不是在用自己的大脑思考。很多人在这种情况下并没有去确认是否安全，也没有想过是不是有人在暗处操纵信号灯的变化。

"在日常生活中，人们很少深度思考。尽可能地想让自己轻松地生活是生物的本能，但是用脑是一件耗费精力、不轻松的事情。然而，人类之所以能够生生不息、繁衍发展，难道不是因为想得比别的动物多的关系吗？

"也就是说，在这个社会中，会思考的人明显更具有优势。他们事业成功，而且被周围的人认可，如此一来就能取得一定的社会地位。更重要的是，如果一个人会思考的话，那么他做自己喜欢的事情就会变得很简单。或许可以说，他有可能因此获得真正的自由。

"担心自己和别人想的东西一模一样正是自己没有思考的证据。如果一个人只是观察后做出'条件反射'，就很容易变得和别人一样了。或许，我们也可以将这种思考方式称为'动物思考'。这种思考会让自己受到媒体报道的影响，也会让自己被偶像的言论左右。这样思考的人常常在意身边的人说的话，脑海里也充斥着别人的言论，结果就会陷入没有自己的想法、不会自己思考的境地。我觉得，要对这种不思考的状态抱有恐惧感。"

问："在日常生活中，您会进行加深自我思考的训练吗？您觉得读书算不算这种训练呢？"

森："读书在获取知识方面是很有效的，最好每天都读书。虽然我不看小说，但是我的阅读量随着年龄的增长而不断增加。尽管我年轻的时候不太擅长看文字，但渐渐地也就习惯了。

"但是，如果说是为了加深思考而去读书，我是无法认同这个观点的。读书本身和思考的深度是没有关系的，不管读不读书，思考的深度都是一样的。当然，开卷有益，读书对于获取知识来说肯定是有用的。比如，一个人看了关于棒球技术的书，那么他多少也能增加一些关于棒球技术的知识。

"总之，读书是将知识'输入'大脑中，但只有思考后，这些知识才能够有效'输出'。因此，你只能通过练习来提升棒球技术、学会弹钢琴。也就是说，即使没有足够的知识储备，你也并不一定就不能打棒球、弹钢琴。同样，你只能通过多思考来提升思考能力。"

作家接触信息的方法

问："森老师最开始是如何与信息接触的呢？"

森："我最开始是通过网络和书刊接触信息的。信息是思考的'原材料'，思考就是对信息这种'原材料'进行加工。不对信息进行加工就将其表达出来的人只不过是对信息做出'条件反射'而已。"

问："您会有意识地拓宽自己关注的领域吗？您认为有必要这样做吗？这种有意识地接收信息需要做到什么程度呢？现在社会上有一种观点认为，要提升自身素养的话就要拥有'好奇心'。那么您觉得，要想让孩子拥有好奇心的话，我们应该做什么呢？"

森："我获得信息就是为了拓宽自己关注的领域，这当然是有意为之的。不过，我认为，获得信息不仅仅是为了了解，也是为了思考。比起有没有必要拓宽自己关注的领域，我更想谈谈好奇心。

"作为一个喜欢手工的人，我会想方设法尝试各种各样的材料。就算是去建材超市之类的地方，我也会四处探寻有没有什么可以使用的材料。尽管其实我也没有决定好要做什么，但是因为很珍惜看到材料时产生的灵感，所以我对任何材料都很感兴趣。

"收集材料不也算是一种爱好吗？那我算是爱好收藏材料的人吗？其实，我对材料很感兴趣是因为我想用它们去做些手工作品。

"因为我知道新的信息会给自己带来怎样的变化，所以才会欢呼雀跃。我觉得，获得新的信息后产生想法这件事本就很有趣。

"大家都知道孩子拥有一颗好奇心，只是随着年龄增长，很多孩子的好奇心逐渐被大人扼杀了而已。大人给孩子看大人希望孩子感兴趣的东西，然后告诉孩子这些东西'有意思''漂亮''可爱'，连要对这些东西产生什么印象都帮孩子决定了。看到动物，孩子可能会想'真臭'；看到星空，孩子可能会说'好像荨麻疹啊'……这些都是孩子们的想象力，但是都被大人们给扼杀了。这些都是大人应该注意到的。"

问："请问您在产生灵感之前的知识是从哪里获得的呢？"

森："我觉得哪里都能获得知识。其实，只要用心观察，我们就可以从自己正在做的事情中获得知识。

"我感兴趣的东西，多数情况下不是日常生活中的东西。我会通过网络去探查世界的各个角落。确定探知的命题是在已经存在问题的情况下做的事情，是决定了搜索方向以后才做的事情，这可以说是进入问题解决的阶段了。我认为，最初发现问题的阶段才是最重要的，那个时候是没有命题的。"

问："您说过自己是不做笔记的，那您如何管理搜集来的素材呢？"

森："我把搜集到的素材全都装在脑子里面，把素材放入大脑的这个阶段是不需要做取舍的，因为这是做不到的。因此，我就把所见所闻、所读所感都放进脑子里面。然后，我只要忘掉那些不重要的内容就行了。我认为，做笔记这种事情是进入了非常具体的操作阶段才需要做的。虽然有些笔记是为了有序进行、不出差错而写的，但思考属于做笔记之前的阶段。

"比如，虽然我不会将写小说时的想法记录下来，但若是考虑创作主题的话，我就会在想到的100个主题里面写下十个左右作为候选的主题。

"再比如，我做手工的时候如果要组装套件之类的产品，我就会列出零件清单和制作的步骤。但是，如果我是第一次制作产品，我是无法在刚开始就准备好所有材料的。我一边制作产品一边思考，如果缺少某种材料我就去采购，如果出现问题了就需要重新设计，所以就算是有笔记也派不上用场。

"与可以沿着直线前进的计算不同，思考是一种反复试验和失败的过程，有的时候需要按照原路返回，有的时候要尝试其他路线。

"因此，不论管理、整理多少素材都是没有意义的，素材可能反而会束缚你的思考，因为那样的话，你的潜意识里可能就会产生必须使用这个素材、必须利用那个素材的倾向，思考也会因为受到拘束从而变得不自由。"

因为没有储备，所以不会枯竭

问："接下来，我想和您探讨一下'输出'。大多数读者都很好奇，您为什么能够保持持续地'输出'呢？"

森："我觉得我的'输出'本来就不是从某个储藏室运出来的，所以可以长期持续。如果我储备想法的话，在持续'输出'后，我储备的想法就会逐渐枯竭，收集来的素材也会逐渐用完。这么一来，我就会成为一名间歇性创作的作家。

"但是，我没有储备想法，也没有记录想法的笔记本。我总是从零开始写起，一边写一边想，通过这样的方式来完成我的作品。其实，当感到素材不够用的时候，我也会设法'调配'一些，但这些素材也都不是本来就准备好的。虽然我的'仓库'其实一直都是空着的，但我可以在任何时候用同一种方法来创作新的作品。"

问："森老师每天只工作一小时，为什么您不多工作一会儿呢？如果您趁热打铁、埋头苦干的话就能创作出更多作品……"

森："我偶尔也会有一天创作时间在一小时二十分钟左右的时候。但是，我的工作时间平均算下来的话就是一天一小时。我创作一部作品一般需要两周，每天一小时。也就是说，我创作一部作品大概总共需要14小时。

"因为我的体力有限，所以我不能每天工作一小时以上。如果第一天工作太累的话，就会影响我第二天的工作状态。因为我是个精力不算充沛的人，所以我每天只工作一个小时。这只是我选择对自己来说效率最高的工作方式而已。我认为，工作方法是因人而异的，如果每个人都以同一种方式工作，那样反而效率不高。

"有人常常会说：'就算是录入已经完成的文章，我一个小时也不可能录入6 000字！'其实，我也做不到每小时录入6 000字，因为我阅读文章的速度很慢，所以边看边打字会耗费大量的时间。但是把自己大脑里已经想好的东西写出来是不需要阅读的，因此我可以'写'得很快。

"在创作的时候，我的大脑会飞速运转，思考很多东西。我的大脑中会浮现出相关的场景的影像，以及那个故事的过去和将来。那是一种非常'烧脑'的思考过程，因此我工作10分钟之后就会觉得很累。"

调整环境是根本

问："为了集中精力，您会在意外部环境吗？"

森："我会啊。我是无法在寒冷、炎热、有异味之类让我感觉不舒服的环境下工作的。调整环境使之适合工作的要求是很正常的事情。对我来说，舒服的椅子、顺手的键盘都是我工作时必不可少的'硬件'！

"调整环境使之变得让自己感到舒适是非常重要的。在意环境的人会费心思布置，不在意环境的人什么都不做也行。在这一点上，我们不要被'有一种好办法'或是'这么做效果非常好'之类的话迷惑。"

问："您认为放松一下能够提高人的专注力吗？"

森："如果你要寻找灵感、等待灵感出现，最好是让自己放松一下。根据我自己的经验，我觉得在稍微有点紧张的状态下，比较容易提高专注力。"

问："您是如何对待'截止日期'的呢？您会利用它来提高自己的干劲吗？"

森："说到如何对待截止日期，我想除了在截止日期前完成约定的工作之外别无他法了。我的小说一般会提前半年到一年完稿，然后寄给编辑。虽然完稿的截止日期都是我自己决定的，而且都是早于出版社要求的交稿日期的，但我从来都是在截止日期以前完成创作的。

"我想，世界上大概也会有利用截止日期来提高自己的干劲的人，这就像是没人追的话就跑不快。虽然我觉得这对我来说不是一种很好的方法，但是对别人而言说不定就很有用。"

问："您会同时进行多项工作吗？"

森："我基本上都是同时做多项工作的。在写这本书的时候，我偶尔也会同时做别的工作。但是完稿之后，我还需要进行比较麻烦的清样校对工作，在那个阶段，我会尽可能地调整自己的工作安排，不一心二用。"

问："森老师，我听说您不擅长阅读，这是真的吗？"

森："这是真的。我刚开始当作家的时候，觉得清样校对工作真的很费劲，我在校对上花费的时间是在写作上的好几倍。尽管我最近觉得自己已经习惯了读书，但我完完整整地通读一本书也至少要花五天时间。

"在作家的工作时间中，写作和校对的比重是差不多的。写作真的让我很快乐！对我来说，写作只用动动脑就行了，是一件很简单的事。但我读书的时候，要在大脑里对文字进行发散思考，这样就会耗费很多时间。"

第三章

『发散思考』的好处在哪里？

为什么人们会推崇"专注"？

我在前文对"除了保持专注，发散思考也是有用的"进行了一些论述。下面，我将会对这种"发散思考"，或者也可以说是"多重任务处理"的工作方式有什么样的好处进行论述。

在此，我使用了"发散思考""多重任务处理"之类的表达方式，因为实在没有更加恰当的词语了，所以我只能暂时先用这些词语。这也从侧面印证了人们对"专注"过度重视。比如说，我们经常可以听到"集中精力地投入当前正在做的事情，效率会更高""三心二意做事的话什么都得不到，我们应该确定目标、专心致志"等，但听不到与此相反的"要发散思考""我们不要只专注于眼前的工作"之类的话。我们对这些倡导发散思维的说法都没有概念，因此不会想起来说这些话。

接下来让我们一起思考，为什么最初出现的是"专注"呢?

　　我想,这大概与人类的身体有关。举个例子,虽然我们有两只眼睛,但是不能同时看两个方向,我们看到的总是只有一个画面。虽然我们的眼睛可以随着头的转动而移动视线,但是无法做到快速扫描。在一定时间内,如果不将目光聚焦于一个事物,我们就无法识别、观察它。

　　虽然我们的耳朵可以同时听到多种声音,但也不能同时识别所有声音。确实有能够辨别同时说话的一群人的声音的天才,但这只是极少数人而已。也就是说,无论是用眼睛看东西,还是用耳朵听东西,我们的认知能力都会受到限制。

　　在通常情况下,大多数人在一段时间内也只能专注于一件事,同时做多件事情是非常困难的。虽然有的钢琴演奏家可以用左右手分别弹奏不同的旋律,但没有经过训练的普通人是无法立刻模仿得像模像样的。况且,在通常情况下,钢琴演奏家左右手分别弹奏的是同一首歌曲,旋律也是一样的。我认为,钢琴演奏家无法用左右手分别弹奏节奏完全不一样、类型也不一样的两首歌曲。否则,那恐怕就彻底成杂技了。

因为我们只有一个身体,所以也不能同时走好几条路,毕竟人类不可能拥有分身术。同时做很多件不同的事情,对计算机或者机器倒不是特别难。为什么人类做不到呢?

这也许是受制于生命构成形式的物理特性。虽然听起来有点像科幻小说,但如果地球之外存在其他生命形式,也可能会有拥有两个身子、两个头的生物。这样的话,"专注"就变成了可以同时关注两件事情,并且它们具备同时把两件事都做好的条件。

从人类进化看发散思考的根源

话虽如此，不管人类的大脑多么发达，也只能控制一个身体。人类的大脑结构比其他动物都复杂，所以能够在维持生命的同时去思考各种事务。

对于我们人类来说，不仅仅可以思考刚刚发生的或者眼前的事物，此时此刻没有的东西、别人的东西和未来的事情，我们都是可以想象的，而且我们可以在控制自己的身体的同时去思考和想象。我们可以一边走路一边说话，一边听音乐一边画画，还可以一边进行重要的工作一边思考晚上要吃什么。

这样的思考并非维持生命必需的活动。对于一个生命体来说，这样的思考方式其实有些多余。然而，因为担心明天的意外所以储备食材，因为担心猛兽会出现所以提前做好警戒、想好对策，这种能力的的确确有利于人类生存。这就是即便运动能力欠佳，人类依然得以繁衍的原因。除此之外，发散的思考方式对人类探索自然界、探求哲学和数学等学科的基本原理也提供了极大的帮助。

若是在非常难以获取食物的情况下，人类就不得不集中精力，每天只能专注于获取食物这件事。除此之外，人类能做的其他事情估计主要就是睡觉了。野生动物就是如此。但是人类齐心协力克服了种种困难。有人获得了猎物，就和大家一起分享；有人站岗看守，其他人就能安心休息。如此一来，因为有了分工与合作，所以有人可以不专注于获取食物和休息而去做别的事情。这种创造性分工增强了人类集体生存的能力。由此，发散思考产生了。

因为形成部落而产生分工，进而有了剩余物资，这对个人产生影响，让人可以从必须专注于一件事情的状态转向对多个事物产生兴趣的状态。有利的物质条件促使人们拥有了发达的头脑。与此同时，人们的好奇心也越来越强。

同时做多件事情是可行的

当一个人思考和行动的对象变成了多个事物后，个人也会开始分享一些东西。在这个时候，人们分享的主要是时间——帮助别人完成一些事务，而人们的大脑似乎也在一直以来的进化过程中已经变得不善于同时处理多个任务了。

因为分身乏术，所以在做不同的工作时，我们会把时间进行划分，按照顺序一项一项地轮换着去完成不同的工作，就像学校的课程安排一样。这么一来，多件事情同时进行其实就是常见的了。我们可以想想，为什么学校在制定课程表时不安排第一年学语文、第二年学数学呢？如果专注是好事的话，脑子里很容易就会想到这种安排的方法，事实却并非如此。大家不由自主地产生了共识，觉得发散思考、同时进行多件事情的效率更高。

这是因为我们的大脑能够将所有看似毫不相关的信息

都储存在一个神经网络中，而这决定了我们其实是适合进行发散思考、同时学习不同知识的。

显然，我们的身体是不能被分割的，但大脑比身体灵活。我们只要稍加练习就可以同时思考两件事。不过相比之下，在短时间内切换做不同的事情的分割时间法可以让我们更有效地使用大脑。

我们的两只手和两只脚可以分别做不同的动作，比如戏曲表演、体育活动等。

但是，在多数情况下，我们的两只脚要一起完成同一项任务。虽然我们有两只眼睛，但它们接收到的信息经过脑部神经处理后只能合成一个图像。相对来说，两只手就比较独立了。

我不知道自己是左撇子还是右撇子。我小时候左右手使用比较均衡，我有时用左手写字，有时用右手写字，我运动的时候也是如此。但是在我上中学的时候，因为我的右臂骨折了，有两个月不能用，所以在那两个月里，我几乎都是使用左手的。尤其是在右臂打了石膏的状态下，打乒乓球之类的活动就受到了影响，我运动时只能用左手拿球拍。

　　另外，因为我过去是左右手轮换着握笔的，所以哪只手都能写字。但是现在我是用右手写字、左手画画（准确地说，应该是右手勾线、左手上色）。话虽如此，在握笔机会越来越少的当下，恐怕哪只手都不算是我的惯用手。

　　我还可以两只手同时拿笔写不同的字，比如右手写“あいうえお”（a i u e o）的时候，左手写“かきくけこ”（ka ki ku ke ko）①。这是大部分人通过练习都可以做到的事，只需要在写的时候，眼睛交替看左右，然后大脑在短时间内进行切换识别左右两边的文字。这就是在同一时间内做不同的事情。

　　我并不是个特例。我的一个朋友可以左右手执笔，一只手写英文的同时另一只手写日文。不过这是他上中学的时候的事情了，我不知道他现在还能不能这么做。

　　我想，做同声传译的人、能同时跟一群人下棋的人大概是能够在短时间内一脑多用的。不过，我没有办法同时思考两件事情，我觉得大多数人可能和我一样。

---

①　“あいうえお”和“かきくけこ”是日语的五十音图的前两行，都是平假名。

发散思考的优点

按照这种分割时间法，同时进行几件事情就是"发散思考"，运用到工作上就叫作"多重任务处理"。接下来，让我们一起来看看这种方法到底有什么优点。

我认为这种方法最大的优点是能够有效地利用等待的时间。

人们做的几乎所有工作都多多少少存在"等待时间"。从时间上来看，马不停蹄地连续工作几乎是不可能的。

比如，烹饪时，等待火候到的时间，手是空闲的；刷漆时，必须等油漆风干。此外，有很多工作都是由多人协作完成的，所以有必要和他人保持步调一致，这个时候就产生了等待对方完成作业的时间。

如果把这些无事可做的时间灵活运用到别的事情上，工作效率就可以提高了。不要虚度多余的时间，而应该尽可能地去减少所谓的"多余"。因为就算你什么都不做，时间也在流逝。无论是被虚度、被浪费还是被用来创造价值，时间都会过去。当然，人不是机器，工作时也有必要适当休息，那也算是有效利用时间，而不是浪费。因为人本来就无法一边工作一边休息，所以就需要合理利用时间。

我是一个急性子，所以我没有办法静坐不动。如果什么事都没做而让时间白白流逝，我会感到难过，所以有时休息反而会让我焦躁不安。因此，我不太擅长与他人保持步调一致。我绝对不能不遵守自己规定好的时间，而且若是对方过了约定的时间还未到我就不会再等下去。很多人都觉得我这样急躁的性格很让人讨厌，但我不在乎被人讨厌。对我来说，抓紧时间做事情才是最重要的。

时间具有超越财富的价值。财富可以被创造出来，但是时间一旦过去了就再也回不来了。我希望大家能够把在无谓的事情上浪费的时间当作是浪费金钱。实际上，确实有很多人因为虚度光阴而慢慢陷入困境。

克服急躁

性格急躁的我经历过很多次失败,几乎都是因为无法沉下心来,一不注意就变得慌慌张张,最后草草收场。我从小就经常因为这点被人说教,大人一遍又一遍对我说:"你就不能稍微稳重一点吗?"比如,我会在物件表面的油漆还没有完全干的时候伸手去摸物件,或者迫不及待地去做下一件事情,结果都以失败告终。我经常因为急躁的性格导致一件事无法完美收场,最后草草结束。

我也不确定这是由于我无法把精力集中于某一个步骤中,还是有强烈的欲望想早点进入下一个步骤。因为我经常着急把作业做完开始下一件事情,所以尽管我做作业比别人更快,但我的作业完成度很低。虽然我明白这个道理,但我还是忍不住会着急。我觉得做得快是为了自己,所以即使得不到别人的表扬我也并不在意。

从我的角度来看,如果自己踏踏实实地持续做一项工作，最后结果如何在做的过程中自己就已经知道了。因此，从某种角度看，这就像是可以提前看到胜利一样。在做事情的过程中，人们心里都有一个预期，觉得自己最多也就能走到某一处，而那处被称为"预设终点"。这种模拟的结果，就会给人一种自己已经到达了"预设终点"的感觉，因此就没办法走得更远，只能转移目标去干别的事情。

我在孩提时候写的东西全是些半途而废的作品，我觉得反正也已经知道结果了，所以就不想再做下去了。然而，因为这个习惯，我没有任何已经完成的东西能够作为结果保留下来。小时候这样还好，不是什么大问题，一旦成了大人，就会有人评价自己的工作。因此我明白，必须时刻记住，哪怕是逼着自己，也要踏踏实实、不慌不忙地推进工作的进程。

当然，我也曾有过忍耐着完成工作的经历。虽然我当时感受到了非常大的压力，但完成工作的时候还是很开心的。我想，这就是成就感吧！环顾四周，我才发现原来技艺精湛的人在极其耐心地工作着。这种自己不曾拥有的耐心让我感到震撼。

　　有了很多类似的体验之后，我经过思考，得出了结论：我可以采用一种同时进行多项事情的工作方法。比方说，倘若使用了胶水或者油漆的话，我就先把手头的工作放下，去做其他事情，当然我在晚些时候还是会回来继续完成这项工作。这样一来，我的工作进程就能稍微取得一些进展。我不会见好就收，而是"见坏就收"，然后去做下一件事。

　　如此一来，等我回去处理之前的工作时，胶水已经硬化了，油漆也干了，我完全不用等待就能马上进行下一个步骤。这样我就可以和踏踏实实、不慌不忙、小心翼翼地工作取得一样的成果了。

齐头并进的合理性

其实，我直到现在都还在用这个方法做大部分的事情。毕竟我的兴趣爱好很有限，几乎就只有做手工。我会在户外制作比较大的物件，也会制作一些非常细小的物件。我还会修理机械和电子设备、从事木材和金属加工。我经常同时制作5～10个的物件，然后做到一半扔下就走，也不收拾，任由它们散落在各个角落，占据很大的空间。

因为这些物件都是同时制作的，所以我几乎没有把它们同时做完的时候，但我总能够把它们一个个制作完成。有很多时候，我做到一半就停下了，随后又能开始制作新的物件。因为我喜欢做新的物件，但是我又怕物件太多做不完，所以限制自己每次只能做一个新的物件。此外，限制我的就是场地的问题，若是要制作的新物件需要空旷的场地，我就得先完成一些物件，把场地腾出来之后才能开始。

我觉得这种做法和我的性格十分契合。我想，从我在大学的时候开始写作，身兼研究人员和作家十年这件事中，大家就能明白了。

我常常被世人说是"穿两只草鞋①"。其实，我很享受同时进行多种自己感兴趣的事情。大学老师其实也是兼任研究工作和教学工作的，甚至不得不加入各种委员会兼顾大学以及学会的运营管理，还要参加各种学术会议。

除此之外，在做研究工作的时候，我也会同时对多个课题开展研究。因为我指导的本科生和研究生往往在10人以上，而他们的本科生毕业论文、研究生毕业论文的主题又各不相同。如果仅是同时研究这些课题并不是什么新奇的事情，相同的情况无论在哪个研究人员身上多少都会出现。研究人员无法确保自己研究的课题最终一定能够有成果，所以只能在多个课题中选择自己认为比较有希望的课题，多分配一些精力，但所有课题仍然是分开完成的。

因此，作家的兼职工作对我来说不过就是给自己增加了一个研究的课题。这么一来，我只需要分出点时间用来创作小说就好了。

---

① 穿两只草鞋在日语中原意为赌徒兼任捕吏，寓意身兼多种不相干的职业。

不专注于一部作品

　　我刚当上作家的时候，每天会拿出三小时用来创作小说及处理相关事宜。最初，这三小时是我从自己的睡眠时间中挤出来的。虽然我住在离大学很近的地方，但通常到家已经是晚上十点左右了。吃完晚饭后，我就立刻睡觉，一个半小时后再起来用三小时写小说或者校对清样，一直到凌晨四点左右再去睡觉。这就是我那段时间生活的真实写照。对于那时30岁出头的我来说，这些现在看来不太可能做到的事情都成了现实。

　　我这样分割睡眠时间是因为要是我在吃完晚饭后就工作三小时的话，很难不打瞌睡。另外，需要花费三小时创作小说及处理相关事宜的主要原因是我校对清样的速度太慢了。不过若是习惯了，我校对清样的速度就会变得稍微快一些。这样坚持五年后，我每天用在创作小说上的时间减少为两小时，因为熟能生巧，我的工作效率提高了。

　　但即使是在这三小时内，如果写累了的话，我还是会频繁地更换工作内容,比如去校对其他作品的清样。

创作小说的进展比我想象中的情况更加顺利,我可以连续创作好几本书。在成为作家的第五年,我平均每个月能创作两本小说。我想,这可能得是具有发散思维方式的人才能做到的。或者说,对我而言,比起一年写一部畅销作品,一年写20多部普通作品更为简单。

到目前为止,除去共同创作和漫画类的书,仅在日本销售的我的作品就有300多部,但没有一部是广受好评的畅销书。我的作品的平均销售册数在50 000册左右。如此算来,如果我一年写20部作品,每年也能卖100万册了,和创作一部百万册级畅销小说也没什么两样。稍微了解出版行业情况的人就知道,写一部百万册级畅销小说是一件多么困难的事情!

不把销售册数的期望集中于一个作品是我的做法。我以前就决定要坚持这个做法,现在也确实是这么做的。

世界上有很多不这么做的人。有一个说法叫作"一击即中",也有作家会采用全身心地投入于一部作品中的创作方法。我并不是想要否定这种创作方法,而是觉得百花齐放也未尝不可。

分散时间可以提高工作成果的品质

　　话虽如此，同时进行好多项任务的方法并不适用于截止日期即将到来，必须一鼓作气把工作全部做完的情况。如果想在工作上应用分割时间的方法，那么就要循序渐进，从开始做到结束。因为若是你在一件事上花费太长时间，其他事情就会暂时中断，最后你就无法顺利地进行切换了。

　　似乎有很多人急急忙忙地做工作，像是马上就要到截止日期了一样。拿作家来说，有的人只有在临近约定的交稿日期才会开始创作。我知道很多作家会在约定的交稿日期即将到来之际通宵创作。我不明白为什么他们会拖延工作到时间如此紧张的地步。

　　这么一来，他们就很可能无法按时完成工作，万一出了什么差错，就会陷入无法在约定日期交稿的窘境。如果是拖延工作影响不大的职业，比如作家，可能不会有这种危机感。但是，在一般的商业活动中，截止日期是合同规定好的，因此一定要遵守。若是迟了就是违约，就要赔付违约金。

尽管如此，还是有很多人一直习惯性地拖到最后时刻才完成工作。当被问及原因时，他们往往会说："虽然很早就进入了收尾阶段，但因为马上又有了别的工作任务，或者害怕临时追加要求，所以我只能勉强赶在截止日期完成工作，但这看起来反而还挺顺利的。"还有人说："倘若早早就收拾好了，我就会觉得闲着没事做。如果是刚好赶在截止日期完成工作的话，我就会感觉自己可以更加努力。"我无法认同他们说的这些话，但我也承认这种做法符合这个世界的规则。换个角度看，有些人按照自己的节奏处理工作，却对周围的人保密说还没有做完，这也可以算是一种智慧。不过，我是直来直去的性格，我一般早早写完书稿就早早交稿了。

之前说到"临时追加要求"，意思是在提前完成工作的情况下，对方会仔细检查工作成果然后进行评价，提出一些诸如"我觉得这里再修改一下会更好"的建议。很多人都觉得这是一件很麻烦的事情，所以就选择拖到最后再提交工作成果。

就像刚刚所讲的，留有时间来对工作成果进行审视就意味着你有纵观全局后进行评价的时间。这一点是非常重要的。

因为普遍存在这样一种情况：在付出努力，沉浸在工作状态最终完成了工作任务后，我们会被成就感冲昏头脑，所以此时的大脑是无法对自己的工作成果进行评估的。只有稍微过段时间回过头来审视自己的工作成果，我们才能看到一些完成得不是很好的地方。因为大脑冷静下来了，人就变得客观了起来。不过，也有一些人会因为讨厌冷静审视自己而趁着工作成果刚完成的时候就赶紧提交的情况。

换言之，宽裕的时间是会影响工作成果的品质的。我认为，完成工作以后冷静下来，从不同角度审视自己的工作成果其实是很重要的。因此，作家必须拥有能够客观评价自己作品的能力，然后在此基础上对自己的作品进行修改和打磨，以提升自己的工作成果的品质。

到这里，我想大家能够理解发散思考能够提高工作成果的品质这件事了。换言之，虽然工作的总体时长是一样的，但若是同时进行其他工作，工作过程经历的时间就会变得更长。因为不是把注意力集中在某一件事上，所以常常能够让自己冷静下来，然后客观地对自己的工作成果进行评价，最终提高工作成果的品质。

应对突发事件的能力

发散思考还有其他优点：能够比较从容地应对紧急状况。发散思考原本就可以让人冷静地推动工作进程，所以我们得以按照留有发挥空间的计划去开展工作，而且万一出了意外还能在被分割了的时间中重新筹划安排。这和只专注于一项工作，或者是到了工作截止日期还在应对突发情况形成了鲜明的对比，也更能让人安心。

拿我的例子来说，我曾提到过自己父母亲去世时候的经历。即使是忙于操办丧事，我仍旧能够像什么都没有发生一样正常安排工作。我当时还在写周刊的连载，虽然这本是四个人合作完成的工作，但我只需让其他三个人稍微改动计划，我就得以渡过难关了。我还曾经因为意外被救护车送进医院，可我交稿的时间也只是比网上连载规定的截止日期晚了三天而已。我给自己设定的截止日期通常比实际的截止日期提前一周以上，然后让编辑也根据我的进度安排工作。此外，我还会提前两周动笔创作，因此就算我有几天因突发情况不能创作也能够游刃有余地应对。

通常来说，我手头创作的书都是一年后才计划出版发行的。如果有一本书，按照我的计划再写三天就能结稿，那么如果我在第四天意外去世，我写的书仍然能够在一年后和读者见面。由此看来，提前完成工作可以不给旁人添麻烦，是一个无论发生什么意外都能让自己顺利渡过难关的习惯，有百利而无一害。不过，对于重视时效性的新闻报道，就无法提前准备新闻素材了。

比起存钱，积攒时间更能让生活轻松。发散思考的工作方式就是这样，能够灵活运用时间，就像是拥有"时间储蓄"一样。这不就可以说是真正意义上的"安全"或者"安心"了吗?

只不过，我能够随心所欲地按照这种方法做事，是因为我现在做的工作只需要我一个人就能够完成。在大学做研究的时候，我做的工作就不只是需要我一个人了，还要有同事和学生与我配合。但即使如此，大学的研究工作也比一般公司里的工作灵活性更高。因为我可以制定所有的工作计划，学生们也能够在规定的截止日期之前完成任务。但若是需要团队合作的工作，把截止日期提前一年的做法可能就不太行了。

从事普通工作的人，不论是公司职员还是个体户，都有工作对象或者说是顾客以及相关上下游环节，所以只是按自己的节奏工作是不太可能的。但如果抱着我刚刚说的信念，提前考虑、提前应对的话，就和"储蓄时间"的效果一样。总之，这种做法无论如何都是有好处的。

发散思考让人产生客观的观点

其实大多数的工作都是"发散性"的,因为大多数人都会承担多项工作任务,职位越高的人承担的任务综合性就越强。换言之,刚进职场的新人大都在一段时间内集中精力做一件事情,但领导者必须从把握全局的角度考虑问题,所以不能只专注于一件事情。

社会在不断发展,相比以前来说,采用多元化经营战略的公司越来越多。其中一个原因是这样做能够分散风险,从而可以让公司经营得更稳健。企业规模越大,越能多元化经营,发展多个不同的业务模块。

发散思考还有一个优点,那就是可以让我们在工作上能够更加认真,就算遇到了麻烦也能处变不惊,能够做出客观判断。不过,对于那些不知道"客观"有什么价值的人来说,这一点就无足轻重了。

很多人都会依据主观判断而行动。相对客观分析来说，主观判断会更多地受情绪影响，因为情绪本身就是主观判断的一种表现。

自己的感受如何是每个人的自由，主观判断也好，情绪也好，都不是坏事。有人认为这是人性的表现。在某些时候，直截了当地表达自己的情绪更容易引起他人共鸣，使得自己的想法被理解。

在社会上存在很多和别人竞争的情况，尤其商业更是一种以竞争为前提的活动。但在和其他人合作的时候，相互让步也是必不可少的。团队合作就是一件需要自己去迁就他人的事情。

这个时候重要的就是从其他的角度出发去思考事情的能力，这种能力站在主观判断的对立面，包含了客观分析的因素。

俯瞰全局在很多情况下都是必不可少的。如果做不到这一点的话，就无法成为一个领导者，因为要是没有广阔的视野就无法预测未来。

另外，能够站在对方的立场上思考问题是人脑特有的一种能力，也是人类智慧的证明。这种能力是构建人际关系的基础，"共情"也产生于人类拥有的这种"想象力"。

　　完全专注于自己正在做的或者想做的事情之类的主观立场和欲望，就是看不见自己周围环境的一种状态。这会导致自己与他人的交流浮于表面，也无法得到别人的认可和信赖。这样看来，不拘泥于一个角度而是从多个角度观察事物是很重要的，这样可以引导你轻松地、自然地思考和行动。

第四章　思考力是从『分散』和『发散』中产生的

"抽象"和"具体"哪里不一样?

　　到目前为止所说的"分散"和"发散"都只是表示"不集中"的意思,所以两者之间并没有明显的差别。但实际上,这两个词语的含义是不一样的:"分散"指的是事物被分开的样子;"发散"指事物朝四周扩散的动态过程,也就是事物被分开时候的变化,原本是一个整体的事物被分开然后向四周扩散。因此,"分散思考"表示的是思维已经被切分了的状态,而"发散思考"会让人联想到思维逐渐扩散的过程。

　　本章将对"分散"和"发散"进行更深层次的探讨。我这里要说的是思考层面的,而非行动上的"分散"和"发散"。行动层面比较容易想象,但因为有些东西是眼睛看不到的,所以就算用语言去对思考层面进行说明也比较抽象。考虑到这一点,我将尽可能地举出一些具体的例子来说明。

人们经常使用"抽象"和"具体",所以我想多数人应该都听过这两个词。但是我对人们是否真正理解了这两个词存有疑问。

"具体"表示细节方面很明确,一般形容实际存在的、特定的事物。与此相对应的,"抽象"给人一种比较模糊的印象,表示的是知道大概情况但是不清楚到底是什么意思。

举个例子,当别人对你说:"我什么都会给你买的,所以请告诉我你要什么吧。"这个时候,如果你是回答:"我想要好玩的东西。"那就显得很抽象。这时对方又会追问:"你能不能说得更加具体一些?"于是,你就不得不添加一些说明,告诉他你想要的是"玩具",或者限定为"玩具火车",甚至具体到哪个品牌的哪个型号和特定大小。如果你不这样做的话,对方可能就会很为难了。

想必大家去玩具店的时候,都会被要求直接指出自己想要的东西,不然就得告知店员心仪的玩具名称或者商品名。如果没有这些信息,就没有办法购买玩具了,因为具体的信息是购买行为的前提。

然而,我觉得,其实每个人内心深处真正想要的只是

"好玩的东西""我中意的东西"。因此，别人实际买给我的商品和我具体的想法并不是直接对应的关系。如果我发现买来的玩具实际并没有自己预期得那么好玩的话，我最后就会失望。因为我只是根据自己获得的关于玩具的各种信息推测它挺好玩的，但实际上我并没有玩过，所以也无法事先知道它究竟好不好玩。

通过这个例子我们可以知道，抽象其实更接近思维的本质和真正目的。另外，具体的事物仅仅是被限定为了某个物体，所以有可能并不是思维的本质。在这种情况下，如果没有实物，目标也会随之消失。比如说，原本是问好了商品名称才去购买的，但碰到商品缺货的时候就不知道买什么替代了。

简言之，"抽象"有可能会让你在行动的时候遇到一些困难，但"具体"很可能并不是最终的正确答案。

为什么抽象思维很重要？

这里需要注意的是，具体的表现是特定的事物，好像可以吸引人的注意力。与之相反的抽象的表现，因为被认为包含较大范围的可能性，容易让人发散思考。

虽然具体的描述能让对话的双方对描述的内容产生兴趣和倾听的意愿，但当听众的人数较多，或者不知道对方感兴趣的内容时，说一些抽象的话更容易让别人接受。

将其运用到我们自己身上也是同样的道理。"思考"是比较抽象的东西，它能够预想实际并不存在的事物的性质，而且具备可以灵活应用的特点。打一个不算非常贴切的比方，"具体思考"指的是钓一条鱼，"抽象思考"指的是广撒网、多捞鱼。

举个例子，如果你问一位基层员工："你的工作内容包括什么呢？"他就会回答他从事的具体工作事项。然而，如果你拿同样的问题去问一位高层管理者，他可能会回答："我需要做很多事情。"同样的问题，在不同的情境下得到的回答就会从特定的事物变成了可以囊括所有事情的概括性的答案。

再举个例子，如果你问别人："你在做什么呢？"正在进行某项作业的基层员工会告诉你他手头上正在做的某件事情，比如"我在把这个螺丝拧紧"。高层管理者大概就会回答："我在想该如何才能把企业经营好，还有如何规范工作的流程……"因为高层管理者回答的内容很抽象，所以就算是听了也不知道他到底在说些什么，但总感觉好像他说了很多，而且他的工作似乎能够从根本上解决问题。

发散思考就是这样和抽象思考相联系的，而且它可能还是让灵感得以萌芽的土壤，让灵感在某一刻突然诞生。虽然我无法论证这个观点，但是我自己深有体会。当回想自己曾经产生的灵感时，我都会觉得正是因为自己过去采用了发散思考的工作方式，所以才会产生那些灵感。

当然，这样的抽象思考并不只是产生灵感，它最大的特点是可以运用到实际生活中。它可以将一项或多项新技术转化为广泛使用的产品，甚至能够解决其他领域的问题。

天才的灵感

　　世界上确实存在天才，他们能够比普通人更快地解决问题。因此，普通人和他们一起工作的时候，就会产生"他们可以解决各种问题"的信赖感。这种天才并不是像拥有"数据库"般有很多经验和知识的。换句话说，天才的想法并不是依靠经验得来的，否则年长的人就都成天才了。同理，从已有的数据库中进行学习的人工智能也无法与天才相提并论。

　　天才之所以能够比普通人更快地解决问题，大概是因为他们的思维能够更快地"跳跃"。目前为止，大部分问题的解决方式都有可参考的模板，随着互联网普及，这种模板的检索也就变得容易起来。有时，人们还可以上网寻求他人帮助以求快速得到答案，这的确是一种好办法。要是自己遇到的问题和曾经发生过的问题相似，而且之前的问题也已经得到解决了，那么解决问题的经验就能派上用场。然而，事实上，我们总会不断遇到新问题。

我们时常会做一些过去没有做过的事情。不同的人处理事情的方式也不一样。虽然我们可能会遇到与曾经解决过的问题类似的问题，但过去解决问题的方法并不适用于眼前问题的例子比比皆是。那么，我们应该如何处理眼前的问题呢？

这个时候，天才就会在运用过去经验的基础上，结合眼前的情况来解决问题。能够做到这一点的人的确是存在的。他们不一定学历高、经验多。非要说的话，他们中的大多数人从小就是天才。

我也认识一些这样的天才，但让我感到惊讶的是，他们之中有人并没有意识到自己的天赋，也不会用语言去很好地介绍自己的"本事"。也就是说，他们仅仅记得某些抽象的概念，而没有办法把这些概念或方法教给别人。在机械维修工等从事具体操作的技术性人员中不乏这样的天才。

我曾提及我会同时做好多件不同的事情。实际上，除了现在正在做的事情以外，我还会在大脑里想着其他自己想做的事情，但大多只是想想而已，只停留在想法阶段。

要是拥有了很多抽象的目标，我就会对很多偶然间看到的东西上心，产生"啊，这个好像还能用"的想法。想到要是把这个东西以某种新的方法利用起来，我就会觉得很有趣。因为还处于构思的阶段，很多细节没有确定，所以我可以把灵光一闪的小点子也纳入考虑范围之中。这些小点子最后有可能变得和原来想的大不一样。

比如说，要是去商品琳琅满目的店铺闲逛（例如家庭用品商店），我便会觉得眼前所见之物皆可用，有时会停在货架前走不动路。我会想，这个东西可能在我做火车头模型的某一部分时能派上用场，或者这个情节似乎可以用来在推理小说中埋下伏笔。我能够产生这样的想象，是因为火车头模型和小说在此时的我看来是有关联的。如果预先限定目标再去采购，那我可能就不会想到这些东西了。

专注思考的人因为在寻找之前已经确定了自己想要的是什么，所以关注的范围就窄了。也许有人会说，如果想要成为专家的话，就得在某个领域深入钻研。但是，在成为专家这条路上能够有所成就的人必须拥有大局观。如果一个人做的事情仅限于自己喜欢的、感兴趣的，就无法拓展自己的视野，容易"坐井观天"。

　　以发散方式思考的人拥有一种本能的方向性，会尽可能地将注意力从关注的对象上移开。究其原因，在发散思考的过程中产生的灵感是从完全不同的领域、遥远的地方得到启发才形成的，是意料之外收获的宝藏。因此，我时常去之前未曾涉足的地方逛一逛，想去搜寻一些新鲜事物。这和自己的好恶没有关系，和愿望、想法也都没有关系，只是为了遇见那些能够破除现有成见的事物。

　　若是有了如此的想法，自然而然地就能和与自己的意见相左的人和平共处，不歧视和区别对待他人，培养出尊重他人的良好品格。

文科过分依赖词语表达

在日本，学生们在高中时会被划分为文科生和理科生。有些人甚至有根据文科、理科来对人划分的习惯。虽然我认为这种划分毫无意义，但也不得不承认这种划分方法普遍存在，而且我觉得只有知己知彼才能获得消除这种区别的机会。

在大多数文科生看来，理科生似乎极其专注于某一样事物。只专注数学公式，而只会聊专业相关的知识的理科生可能确实存在。但相反，从理科生的角度来看，也有不少文科生想方设法逃避学习数学、物理、化学等课程，这些文科生不愿意学习科学领域的相关知识。这种逃避行为，其实也是这些文科生专注于文科方面知识的体现。

文科生说理科生注重数字，但文科生自己注重文字，什么问题都想通过文字来处理。当有人想知道风险有多高的时候，文字就无法像用数字中的百分比那样灵活地表示风险高低。

　　我不知道文字的总量有多少，但文字应该不会像数字一样无穷无尽。正是因为有些事物是无法用文字简洁地表达出来的，所以人们才会使用数字。文字和数字都是一种符号，但是在模拟的数据计算的过程中，用数字表达比用文字表达更合适。

　　重要的是，对我们来说，无论是文字还是数字，都是我们生活中必不可少的。因为自己选择了文科或理科而拒绝学习其他领域的知识才会导致问题发生。据我个人观察，这种倾向在文科生中尤其严重，而很多理科生并不会将文科知识拒之门外。

　　有的文科生会觉得，文科生学习的是通识性的知识，而理科生学习的是专业性的知识。"专业"这个词看起来好像是集中在某个狭隘的领域，但事实并非如此。要是进入其中，你就会发现原来"里面的世界"很大。以观察宇宙的天文学来说，生活在地球上的我们可能会觉得通过天文望远镜看到的遥远的星系不过就是视野里的一个点。有人会因此觉得，不去关注种种社会现象而只专注于那么小的一个点的人真是奇怪。但在天文学家看来，与浩瀚的宇宙相比,地球非常渺小,而人类的历史与整个宇宙的历史比起来又是多么微不足道。那么,到底谁看到的才是更广阔的事物呢?

也许有人会问:"研究那么遥远的星系对人类有什么用呢?"也有人会说:"就算我在学校学了很多关于三角函数的知识,进入社会之后也用不上这些知识。"

这些说法都是建立在"知识应该对我有用"这样只专注于眼前事物的想法上的,他们只看到了与自己相关的事物和利益。这么说的人应该反过来这么想:"自己存在有什么意义呢?""事物除了对自己有用以外,还有什么别的价值吗?"

音乐和绘画对社会的贡献毋庸置疑,天文学和数学的早期发展也离不开实际应用。但是,探求未知世界的好奇心正是人类的本性。对于那种纯粹的探求,人们满怀憧憬,感到心情舒畅。如果我们只把注意力放在"有用"上,那我们的思维可能就会僵化,那样的社会也并非理想的社会。因此,人们才不断探求,在发现未知的世界上投入大量时间、精力和资金。我想,痴迷于追求"有用"的人多半是误会了人类存在的价值。

对"思考"产生的误解

其实，思考本身就是一件慢慢发散的事。虽然发散思维有时会偏离原来的目标，但这不一定是坏事。认为发散思考不好的人，不过是因为具有"集中注意力才是好的"这样的固有思维。

就发散思考来说，其实人们的思考在每一个瞬间都是集中的，由此发散出很多观点，并将这些观点不断向外延伸成很多不同的思绪，而这些思绪也会互相关联。因为这些思绪不断延长，所以人们最后往往会忘记起点在哪里了，而将思绪归拢到自己关注的某个点，再从那里开始让思绪延长。这就是发散思考的核心。

在发散思考的过程中，我们会产生"这个创意很有趣""让我再思考一下这个创意"之类的想法，这是人类的天性。这个时候，我们就该整理一下思绪，提醒一下自己思考的出发点是什么，就不会没有限制地发散思考了。

　　可能有很多人会问:"我要怎么才能做到发散思考呢?"我在之前就已经说过了,想要做到发散思考,最重要的一点是自主思考。在我和很多年轻人接触之后,我发现他们当中的一部分人对"思考"有误解。

　　即便被要求不要定下思考目标,有些人也会问我:"如果没有思考的目标,那我应该向什么方向思考呢?"其实,这个问题就像有人被要求奔跑后不知道如何奔跑一样,奔跑本就是下意识的动作。

　　在我还是一个孩子的时候,我就一直深受身边的人的照顾。他们常常告诉我应该这样做、应该那样做,有时还会手把手地教我。孩子只要不断练习大人教的动作,最终就能学会如何做事。长大以后,网络就成了我的"老师",我可以搜索需要的知识,也可以跟网友学习。在现实生活中,面对陌生的情况,我也会观察身边其他人的反应,然后照葫芦画瓢,就不会显得不合群了。

　　确实,因为有很多很多要学的东西,所以人们不断学习各种知识和技能,然后做到学以致用。若是遇到了新问题和自己已有知识范围之外的困惑,我们就会去网上搜索或向他人求助。

可以说，在现代社会中成长的人几乎没有什么"思考"的机会。

在多数情况下，人们只是想到某个问题然后就进行选择或者做出反应。这是"思考"吗？我对此深表怀疑。除此之外，大多数人混淆了"学习"和"思考"这两个概念。"学习"是把信息"输入"大脑中，人们要做的就是汲取知识然后记住；"思考"是利用已经"输入"大脑的知识，在大脑中进行设定假说，经过验证后形成自己的理论，它是一种思维活动，和"学习"完全不一样。

虽然现在有很多年轻人想要思考，脑子里也在想问题，但最后只是得出"我搞不懂"的结论。他们只是想了想某个问题，然后又回到了原来那种迷茫的状态。他们之所以"搞不懂"，是因为他们在其实不了解那个问题的情况下，就断然得出结论。如果想要了解问题，那就只能靠自己去调查、搜索、求教。现在，调查、搜索、求教已经成为绝大多数人都能轻易做到的事。如此一来，问题的答案很快也就出来了。

"为什么呢？""这是什么原因呢？"孩子在想这些问题的时候，脑海里又会浮现"难道是这个原因？""不不不，不是那样，应该是这样才对"之类的想法。"虽然以前也想过类似的问题，但是这次的问题和上次是不一样的，比如说这里和那里……""这次的问题不是一样的吗？"孩子的脑袋里还会产生各种各样的联想和假说。

像这样会自己思考的孩子，要是偶然在图书馆里发现了与自己思考内容相关的书，就会想要在书里确认答案，因此会满怀期待地读书。对于什么都不想的孩子来说，他读的是大人让他读的书，他的理解就会有所偏差。越勤用自己的大脑思考，孩子的好奇心就会变得越强。

常常有家长问我："要怎么做才能让孩子爱思考呢？"会提出这种问题的家长多数是自己不思考的。因为自己不思考，所以才不知道思考的意义。这本不是什么难题。人是一种闲下来就会思考的动物。也就是说，要是什么事情都没有的话，人的头脑里就会出现自己想思考的东西。

同理，教育也如此。若是硬要学会些东西的话，反而可能学不会；若是想着快乐学习的话，可能就会找不到学习的乐趣。

这时，你是不是又有问题想问："那我应该怎么办呢？"这个问题的答案还是得你自己思考才行。

领导者就是提出问题的人

人们从小就不断地想很多东西，进行发散思考。只要观察一下孩子们，你马上就会发现这一点。另外，通常来说，就算我们想要集中精神，大脑中想到的东西也是极其分散的。然后，在"神游"的某个瞬间，我们会猛然惊醒，又回到现实生活中来。"啊，我竟然忘了我现在在做这个啊！"这大概是每个人身上都会发生的事。

正是因为这样的人被集中起来要求做同一项工作，因此产生了"集中精力，保持专注"的要求。可以说，这种要求违背了大脑原本的使用方法。这种要求是生产力落后的年代的产物，在大规模集体耕作土地和打仗时，人海战术是不可或缺的，但那样的时代已经过去了。

即使是现在，也不能说所有的简单工作都被机器代替了，不需要人类的劳动力。但是，众所周知，对于管理众人的领导者来说，是需要发散思考的。

每个人从小开始就要接受很多考试，考试就是完成解题的任务。如果有人能够很好地完成解题的任务，就会被认为学习能力强。他进入好大学、找到好工作的可能性也比其他人高。为什么呢？这是因为大部分工作的任务就是解决实际问题。在这种情况下，我们需要能够集中精力解决问题的能力，大多数解题都靠计算。当然，你先得有详细的解题思路，然后运用所学的知识去解决问题。但是，只要有需要解决的问题，工作就会有明确的目标。

然而，领导者就不能按照这样的方法工作了。领导者拥有为他解决问题的下属，而需要解决的问题是由领导者提出来的。当然，也存在由更高层的领导者制定问题的情况，但这样的话领导者就失去了存在的意义，这也意味着组织存在问题。领导者的职责就是发现新的问题。

那么，领导者在提出问题的时候，应该把注意力集中在哪里比较好呢？

领导者应当从多个角度提出问题，而且领导者应该尽可能地把注意力放在更广阔的领域，寻找那些可能存在问题的地方。领导者要做的就是以这种发散思考的方式工作，而绝非专注于一项工作，然后才能提出好问题。

　　在发现问题之后，领导者就应该把解决的工作交给下属去完成，未来还可能交给人工智能去完成。因此，在人工智能的辅助下，可能现在大部分的工作内容在未来只要一小部分人就可以完成，其他人就可以拥有很多休闲时光。

成功的人不会只关注一件事

　　在人类发展的历史中，现在的社会形态是近期才出现的。在当今社会，每个人都有可能从事自己喜欢的工作，但与此同时也免不了存在一定的限制。比如说，有些非常昂贵的东西就算你非常喜欢也不一定能够将其收入囊中。在不知不觉中，等级差别就这样产生了。这也为我们构建了一个努力的目标，若是想更多地满足自己的欲望，就要取得成功，获得社会认可。因此人们会参照成功者的经验，尝试复制成功者的经历，希望能够取得成功，并对未来充满期待。

　　然而，如果一个人始终只会模仿别人的方法和路径，是不可能取得成功的。

　　成功人士能够取得成功，是因为他在当时的社会背景下，比别人更早地创造出了新事物或者有了新的想法。他有别人都没有想到的想法，并将其付诸实施。有很多人认为，成功源于做事专心致志。其实不然，成功人士取得成功应该是他在研究了多种事物、设想了各种可能性后，再做出选择，而不是只关注某一种事物。

可见，想要取得成功光靠专注是不行的，而是要具备发散思维。成功的人环顾四周，最终选择他偶然间发现的那个想法去实施。成功的人并不是解决已经存在的问题，而是发现新的问题，然后去解决它。

研究人员和作家的共通之处

一直以来，我只从事过研究人员和作家两种正式工作。虽然我也曾兼职打工，但时间都不长。无论是作为研究人员还是作家，我主要的工作内容都不是解决问题，而是发现问题。

研究人员的工作原本就是以发现问题为开端的，而不是得到指定的课题，然后去解决现存的问题。对于学生而言，本科的毕业设计和硕士研究生阶段会被指定研究的问题，但到了博士研究生阶段就需要把大部分时间花在发现问题上了。

研究人员在发现问题后，就可以去调查、搜索相关的先行研究，开始思考研究内容，在确定了课题之后，就可以进入实验阶段，或者进行新的调查研究。在这个过程中如果没有研究方法、假说，以及新的想法等，研究人员的工作就会时常陷入停滞不前的窘境。因此可以说，发现问题是之后的一系列工作的基础。在某种意义上，若是能够做到自己发现问题进而确定课题的话，就已经迈出成为一名合格的研究人员的第一步了。

有很多时候，研究人员会提出多个问题，并同时开展相关的研究。这么做有两个考虑：有的问题自己无论怎么探究都找不到答案；有的问题一旦被别人抢先解决了，自己的研究也就失去了意义。因此，研究人员都会尽可能地将精力分散在多个课题上，以避免前述风险，"不把鸡蛋放在一个篮子里"。

在发现问题后，研究人员往往会觉得"啊，这么一来我就知道该如何下手了"，并由此产生喜悦之情。这是一种终于可以开始行动，而且尽情奔跑的舒畅感。

对于作家来说，发现问题也是最重要的任务，只要发现了问题，后面只需要一气呵成地写作就行了。

推理小说会让读者解谜，但这种谜不是我说的需要发现的问题。因为推理小说中的谜题其实是被作家提前设下的，不属于问题。可以说，推理小说从开头就在某种程度上确定了问题。也就是说，作者会给读者一些线索和暗示，比如事件是如何发生的。在读推理小说时，读者思考的对象已经被限定了，这对作者来说是比较容易把握的。因此，在我看来，推理小说的素材是比较容易构思的，创作起来也容易上手。这就是我选择了推理小说作为处女作题材的原因。我想，对于当时还没有创作过小说的我来说，在创作处女作的过程中没有遇到太大的困难，正是因为我选择了难度小、容易完成的题材。

对于作家来说，发现问题就是决定自己要写什么样的作品、思考应该怎么写、要着眼于何处、如何实现创新等问题。若是作品没有新意，就没有创作的意义，这是创作的基础。但是，能够用文字将问题说明清楚的情况和无法用文字说明问题的情况都是存在的。如果遇到那些无法用文字说明的问题，我的脑海里也会逐渐出现某些模糊的想法。然后，我会整理这些模糊的想法，等想清楚以后，就只要进行录入文字等简单的工作就行了。比如写短篇小说的时候，如果能够在脑海中想象出要写的作品的感觉，我就开始录入文字了。

毫无疑问，在发现问题时，大脑是处于发散思考状态的。在发现问题之后，大脑才会进入集中思考的状态，寻找解决问题的办法。换言之，作家创作小说的工作就是在获得灵感的基础上将其落实到纸面上。

与研究工作一样，我在创作作品的过程中时常会突然遇到某个难题，然后产生新的灵感，将小说情节推向意想不到的方向。这样看来，在我创作小说的过程中，还是以灵感为基础的，只不过有些灵感是我在创作过程中产生的。因此，在创作小说的过程中，我似乎是以集中的方式思考问题的，但其实我是以发散的方式思考问题的。

作家的"个性"是如何产生的？

其实，发散思考换个说法就是"联想"，通过这样的方式，思维有时会突然 "跳跃性"地偏离轨道，到了很远的地方。这样一来，就有可能找到创意。

这并不是"文风"或者写作技巧，准确来说可以称之为"视角"，因此读者能从创意和构思的部分感受到作家的个性。这种不断改变写作内容视角的能力正是作家的特质，甚至可以说是"才能"。我觉得可以将这种作家都有的才能称之为"个性"。毕竟创意和构思不是通过模仿就能学会的，而是每位作家的大脑经过相当长的一段时间思考后形成的。因此，如果一个人想要模仿别人的风格，少说也得花费十年以上的时间。任何一位作家的大脑都曾经过那么长的一段时间锻炼，然后才能拥有如今的"个性"。

这种被称作"个性"的东西，也是在集中思考中无法显现的。集中思考就像是计算，用结果以及技术指标来进行评价。因此，集中思考能够被他人重复运算过程，在某种程度上甚至还能被文字化地总结成类似"小说写作的秘诀"的文本，然后作为知识技术传播。我想，这种性质的工作内容就是将来最先被人工智能替代的。

然而，依靠发散思考形成的"个性"是很难被具体描述的，因此很难被人工智能替代。因为人工智能解决问题都要依靠计算，所以无法进行发散思考，也就无法形成自己的"个性"。

当然，人类也一样，我们能够学会计算和技巧，但无法完全模仿他人的"个性"，也不能复制别人的"才华"。这是因为发散思考只能在每个人自己的大脑中进行，也只能在那片土壤中萌芽、生长。

第五章

对思考来说，放松是必需的

放松的作用

前文曾写道，并没有普遍有效的进行发散思考的方法，因此我也无法给出如何发散思考的具体指导建议。尽管如此，我想还是有人会问："那您能不能给出一些提示呢？"我绞尽脑汁，决定在这里与大家分享自己关于如何发散思考的一些建议。

虽然我的建议是经过自己多年不断试错总结出来的，但因为我只有自己的大脑，所以我的建议也许不适用于大多数人。因此，请大家根据自己的情况，试试自己觉得可行的方法。我希望大家能在尝试的过程中逐渐找到适合自己的方法。

专注思考需要一定程度的紧张情绪。比如在精神紧张的状态下，我们计算的速度就会变得更快。有人认为过度紧张是弊大于利的，因此建议大家尽量保持放松的状态。但是，以我的感受来说，在精力充沛时能做的事情不就是

"保持专注"吗？

与此相对，在放松的状态下更容易发散思考。这点可以在很多从事创造性工作的人身上得到印证。例如，有的作家不去海边就写不出作品，有的作曲家不喝醉就无法作曲。因为通常的工作场所大多在比较局促的室内，所以很多从事创作工作的人都喜欢旅行。因为他们都知道，放松大脑或者说不集中注意力是创作的重要条件。

与发散思考对应的还有"发散行动"，因此体验各种各样的事情、尝试与创作看起来没什么关系的事情也是创作的重要条件。

我不知道究竟是什么机制让大脑可以在放松的状态下产生灵感的。但是，有一点我可以肯定，那就是在思想高度集中的状态下，大脑会忽略专注的事情之外的相关信息，因为集中注意力是屏蔽了目标以外的大部分事物信息的大脑活动。不过，随着对大脑的研究越来越深入，我认为在这方面也将出现科学解释。

也许有人会说："说了半天，其实就是说要精神放松，这很简单！"实则不然。举个例子，放松的最高境界应该是睡觉。事实上，我经常做梦，有时还能在梦中得到解决问题的灵感，但这会让我意识到自己就算睡觉都无法放松。想到这点，我就开心不起来了。

一般情况下，人若是进入熟睡的状态，是不会思考任何事情的，而且也不会做梦。另外，有人会通过运动和休闲的方式去放松，比如打网球、听音乐会。但在做这些事情的时候，人都会极其投入，很少会出现中途产生灵感的情况。这是因为人在打网球的时候会把注意力放在球上，在听音乐会的时候会把精神集中于美妙的旋律上，这可不是放松的状态。

我们不能将放松身体和放松大脑混为一谈。比如，我们享受按摩的时候身体很放松，但可以思考问题或者想想烦心的事；跑步的时候，身体在运动，大脑反而比较放松。

把大脑从压力中释放出来使其放松是一件看起来容易做起来难的事情。"什么都不想"本来就很难做到。冥想和参禅之类的精神放松状态就是没有一定的修行便无法做到的难事，因此也被认为是一种本领。

我能想象到的什么都不想的状态中，总是会有一个让人注目或者感知的焦点，与集中没什么两样，不能说是放

发散思维
不被"常识"束缚的思维方式

松。人在泷行①的时候可能会什么都不想，但在那样残酷

的修行中会产生有趣的灵感吗？我很怀疑。

---

① 泷行是站在瀑布下让自己被水流冲击的一种修行方法。

如何让大脑放松？

那么，我们应该如何做到让大脑轻松呢？我"轻松地"考虑了一下。

我先想到的就是不要太自信。

有人深信自己是傻瓜，有人觉得自己的脑子不太好使。我们经常被教育要保持自信，不要总认为自己不行。但我并不这么认为，反而觉得应该在心中把自己看得低一些。这么一来，我就能以更为谦虚的姿态处理问题，还会产生因为自己反正都解决不了问题所以试试也没什么关系的"佛系"的想法。若是坚信自己一定能解决问题，反而会让自己产生紧张感。因此，为了让自己放松，我们应该不要太自信。

虽然最近好像没什么人会扮猪吃虎，但过去这样的人还是挺多的。他们经常把"我的脑子不太好用"当作口头禅，以此让对手掉以轻心。这和故意吹捧对方使其得意忘形的效果差不多。

现在有很多人从小就被身边的大人培养得超级自信，结果很容易变得自高自大。这些人的大脑就很难处于放松的状态，精神容易紧张。

不过，过分自谦也不是什么讨喜的事情，所以在这里我不太建议大家这么做。总而言之，对于并非天才的普通人来说，不要把自己的位置摆得太高。悠然自得的态度能够让自己放松，自己才有可能心情愉悦地进入发散思考的状态。

只不过，这并不意味着我们的大脑一旦放松就能够立即产生创意。想要获得创意，我们就必须在某个问题上花费足够多的时间，并不断努力思考。

说到底，当轻重缓急的事情交织在一起的时候才最容易进入放松的状态。如果我们能够在集中精力思考一段时间后迅速从中抽离，就能够切切实实地进入放松的状态了。

在做分散型工作的时候，人们会下意识地区分轻重缓急，先把精力集中在一项任务上，遇到比较棘手的地方就转移注意力去做别的事情，这样就能让自己稍微休息一下，注意力也能切换到不同的任务上。这样切换就能让人放松，就像被工作压得喘不过气来的时候做深呼吸的感觉。

因工作的内容不同，在工作时，我们有时用眼，有时用手，有时用脑。我们应当换着使用这些部位以便能让它们从高度紧张的状态中得到解放，做不同的工作就像使用不同部位的肌肉。我平时写十分钟小说就会去做手工或是收拾庭院，然后回来继续写小说。我觉得这样安排的话，创作小说需要使用的那部分大脑功能区就处于一个比较放松的状态。

当然了，这种说法也不是绝对的，毕竟人在不是很累的时候状态还是不错的。这种方法也是我经过不断尝试后总结出来的，但我不知道是否适用于其他人。

我觉得焦急地想专注于某项工作是没有意义的，就算不停地鞭策自己要像拉车的马一样奋力前进也不一定有好的效果，比如自己可能会犯困或者胡思乱想，因为有的时候，大脑不会完全按照你想的那样运作。

大家可能有那种躺在床上的时候随便想了点别的事情，结果睡意全无、精神抖擞的经历。

只要时常观察自己的大脑和身体的反应，我们就能发现应该怎么做才能更好地使用自己的大脑和身体。不要轻信书中写的和网上介绍的方法，因为每个人都是不一样的个体。

对所谓的"常识"持怀疑的态度

有很多研究是以数据统计为基础进行的，最后得出如果怎么样就会怎么样的结论。但这种结论只适用于对总体情况做判断，不能解决实际的个别问题。换句话说，任何人也不能保证研究结论适用于每一个人。虽然我们应该勇于尝试新的方法，但这个新的方法到底是否适合自己，自己应该在尝试之前进行评估。

我从小开始就已经注意到自己和别人不同，因此我从小就明白自己的事情必须由自己拿主意。例如，因为我的体质不好，所以总是被逼着吃补身体的药，但吃药只会让我更加难受，对我的身体健康没有任何作用。因此，我长大成人以后就拒绝一切补药。减少用餐次数能够让我的身体情况好转，所以我现在仍然这么做。尽管我总听人说不吃早餐对身体不好，但我觉得这个说法不太适用于我。我在肚子空着的时候心情舒畅，大脑转得也快。

　　举个奇怪的例子，假设有一个对寿命超过100岁的老人一天吸多少根烟的调查，结果显示：90%的老人不吸烟；10%老人平均每天吸20根。若只是从统计结果来看，我们就可以得出一个奇怪的结论：长寿的秘诀在于平均每天吸2根烟。

　　我记不住别人的名字，也不擅长记专有名词。若是因为我年纪大的话，可能就是很正常的事情，但我从小就是如此。我小时候就记不住教科书上出现的历史人物的名字。我可以在脑海中想象书上画的那个人的头像，知道那个人的名字是五个字的，以及教科书中介绍他的内容的具体位置，但我就是不知道他的名字。我记忆知识的方法就是这种模糊的图像记忆法。

　　尽管我知道那个人做了什么大事、为什么这么有名，但如果我在考试中写不出这个人的名字就不能得分，别人也只认为我"不知道"，就算我画出了这个人的头像也没有用。

　　不过，我并没有因此消沉，而是觉得这是考试方法的问题。因此，差不多在我上初中的时候，我就决定放弃背诵专有名词。我也不记得汉字的读法，只知道大概的写法。我也无法记住英文单词的精确拼法，虽然我几乎能够完全读懂题目中出现的英文，但是因为拼写的问题，我在英语考试中也拿不到多少分。因为没有具体的、精确的"知识储备"，所以我大部分必修课的成绩都在平均水平以下。

虽然我明明能够毫无障碍地"理解"大部分事物，却被认为"不懂"。

然而，数学和物理都是不需要背诵也能解题的科目，因此我通过在这两门科目的考试得高分拉高了我的考试总分数，最终被国立大学①录取了。

我曾经在家附近的国立大学的工学部做助教的工作。在那之后，我就开始写文章、读文章了，是文字处理机的发明拯救了我。有了它，即使我写不好汉字也能写文章，计算机还能帮我检查英文的拼写错误。现在正是这么一个哪怕只有模糊的知识也能借助人工智能完成任务的时代。

反过来说，为什么要求所有人连那么细小的事情都记得住呢？直到现在我仍在思考这个问题。擅长记忆的人的确是存在的，而且这类人很适合参加考试。但是，也有一些不擅长记忆的人，社会应该给他们提供发挥自身才能的机会，让他们做自己擅长的事情。

---

① 日本的高等教育机构根据设立主体的不同，可以分为国立、公立、私立三种。国立大学由日本政府设立，基本上都是一流大学，学费较私立大学低廉，考取难度较大，学术排名和知名度更高。

"专有名词"的功过

如今回想起来，我总觉得，也许因为我记不住细节反而锻炼了我捕捉抽象事物特征的能力。

不死记硬背、不迷信"常识"、不妄下结论，就是我的做法。这对我之后做的研究工作产生了很大的影响。在成为作家后，我的这种个性也起了非常重要的作用。

如果不去记忆专有名词，当你向他人叙述时，就会因无法准确地表达你的意思而产生麻烦。接下来我将举一些专有名词的例子来进行阐述。

例如，说到某个人，我们会就他的外貌、癖好、经常做的事等进行简单说明。有很多人只要听了这些简单介绍大概就能猜出对方说的是谁。我的夫人就是这样的，她是一个极其擅长记忆专有名词的人。

与此同时，她说话的时候也经常会用专有名词，比如店名。我对这方面一窍不通，因此总是提很多问题："哪里的店？我们什么时候去过？"但是，她对这个店的相关记忆非常模糊，既不知道具体位置，也不知道上次去的时间。由于这样沟通不畅，我们的夫妻关系经常陷入危机之中。

我想，应该有很多人像我夫人这样记得专有名词而忘了与之相关的其他信息，因为记忆专有名词就是为了让信息简化。孩子们喜欢观察形形色色的事物并对其特征进行描述，大人们却习惯记忆名字，因为记住了名字，就不需要记那么多信息了，省时省力。

但是，写给大众看的文章，或者对大众进行说明的时候，并不是只说个名字就能让大家理解的，比如一般人就很难理解专业术语。也许有人会因此而生气地责备对方："你连这个词都不知道吗？你回头自己去查资料吧！"但作家不能这么做。因为我能够用各式各样的词语描述某件事物，所以写文章的时候就很轻松。倘若非要使用专有名词，我可以从知道的相关信息中提取关键词，然后搜索一下就能知道了，也不是很难。

专有名词是一种以"集中"的方式表示事物的符号。尽管与事物相伴出现的信息有很多，但人们普遍认为记住专有名词的"集中记忆"是最合理的。为了对事物进行解释说明，我会使用很多相关信息，我的办法很明显属于"发散记忆"。如果记住许多零散信息，就算忘了其中一个也总还记得其他的信息，很少会出现忘记所有信息的情况。但是，如果我采用集中记忆的方式就有一定的风险，如果我忘了那个专有名词就等于忘了全部的信息，于是就无法继续和别人沟通交流了。

因为语言化，我们失去了什么？

　　将大量信息储存在大脑中会占用大量的储存空间，所以效率不高。不过，人类的大脑本来就擅长储存图像，比如谁都能够识别人脸，即使我们无法用语言描述相貌特征，却依然记得住。

　　对于人脸，我能做到过目不忘。虽然随着时间的流逝，我的记忆会逐渐模糊，但我仍然能够认出是谁，不过我无法叫出对方的名字。比如说我曾经碰到一个人，总觉得这张脸很眼熟，但就是一时想不起来是谁，事后稍微回想，终于记起她是30年前在驾校接待我的工作人员。由此可见，过了30年，我还记得曾经遇见的人的脸。

　　比起语言和符号，这种图像记忆承载的信息会多得多，因此就需要占用更多的大脑储存空间。查看一下计算机里存储的文件就可以发现，一本小说和一张清晰度较高的照片占用的空间几乎是一样的。

从我的经历可以看出，人类大脑的存储空间是非常大的，如果仅用来储存一个个专有名词的话未免也太浪费了。如果不经常使用，大脑的功能就会逐渐退化。如果想不起那些专有名词，那连交流沟通都成问题了。

我认为，语言是人类历史上最伟大的发明，我们不难想象它是人类飞跃式发展的基础。但是，我时常想，人类也因语言而失去了一些东西。就像每个硬币都有两面，任何事物都兼具优缺点。语言和符号最大的好处就在于它将本来储存在每个人大脑中的记忆进行了处理，建立了信息沟通的桥梁，方便信息储存和共享。但是，与此同时所进行的简化操作也导致大部分信息丢失了。虽然不是所有信息都丢失了，但是信息一旦丢失就无法再被表述出来，因为缺失的信息就算被表述出来也无法被理解。

人类对语言的使用也与思考有关。语言的出现让人们开始对语言进行思考，但这极有可能并没有使人脑的信息处理能力充分发挥出来。随着人工智能的发展，人脑的负担减轻了，认真思考的人就变少了。

就算是在思考如何解决问题，我们的大脑中经常只是会出现"不知道""想不通"；烦恼的时候，我们的大脑中经常只是会出现"好为难""好困惑"。现在很多人思考的时候，不去思考如何才能解决问题，也不去想象各种可能，不去评估众多选项的成功率，只会想到"不知道""好为难"，既不会换个角度考虑问题，也不会从其他角度看待自己的处境。

有人断言，人类只会以语言的方式来思考，所以如果没有语言，人就不会思考了。说这样的话的人也许的确如此，但我思考90%以上的内容都不是以语言的方式进行的。我之所以不记笔记也是这个原因，我的大部分想法都无法立刻用语言记录下来。不过，我也时常会为了避免忘记而强行要求自己写下当时的所思所感。但即使如此，在事后看到记录下来的文字时，我也常常想不起来当时自己的灵感了。我们通过文字记录来帮助自己记忆，但是也会因此错过很多好的想法。

不要急于下结论

　　知道"苹果是红色的"之后，孩子在画苹果的时候就会用红色的蜡笔。但是苹果真的是红色的吗？若是不懂语言的孩子，就会直接画出自己所看到的东西。即使不知道"苹果"这个词，他也认识"苹果"这个东西；即使不知道"好吃"这个词，他也记得苹果的味道。实际上，虽然日本人坚信苹果是红色的，但欧洲的苹果通常是黄绿色的，而"苹果色"指的也是明亮的绿色。

　　人们通常觉得很多号称"安全"的事物是真的安全的。只要是被称为"有辐射"的事物，人们就会唯恐避之不及。但是，乘坐汽车、火车、飞机或身处桥梁、公路等交通设施之上也不是百分百安全的，做任何事都是有风险的。辐射也不是人类制造的妖魔鬼怪，而是自然界原本就普遍存在的事物，大家每天都会接触，到处都有。但是，强辐射对人来说的确是危险的，这就跟火是一样的。人类在远古时候学会了用火，但得小心翼翼地使用，否则就可能酿成灾难。其实，这不过是人类学习了如何安全地使用自然界固有的事物而已。学会用火对人类文明有着非常大的意义，我们无法想象没有火的生活，但火对我们来说也不是百分百安全的。

任何事物都有多个方面的特征，如果我们只看其中一个方面是无法看透事物的本质的。不过，我们也没有必要看透所有事物的本质，只要坦然地接受自己看到的东西，以开阔的胸襟容纳一切就好了。为此，对事物不专注、不拘泥、不盲从、不坚信是很重要的。经常进行发散思考对我们认识事物也会有些帮助，但这并不是说它一定有用，也不是说它适用于一切情况，否则就没有"发散"的意义了。

不要急于下结论，要让大脑有放松的时间。我们先要做的是耕种用于发散思考的田地，种子不会马上发芽，我们只能温柔地眺望着、老老实实地等待着。

如果我们以放松的状态对待他人的话，就不会因为小事而生气，也能从容不迫地寻找自己从前没有发现的他人的闪光点。

如果我们能保持这样的心态，就连心情都会变得舒畅，即使没有特别好的想法，也能平静地度过每一天。

第六章 想对为『无法专心致志』而烦恼的人说的话

给工作和生活划清界限

上文介绍了如何在工作中进行发散思考。但是，发散思考是否能用在工作之外的事情呢？本章想从这个角度来进行论述。

对于每个人来说，人生目标本就应该比工作目标更重要，工作只是人生的一部分。绝大多数人不工作就无法生存，因此我们可以把工作看作是生存的手段，但我们不能认为工作是人生的目的。这就跟人不呼吸就没有办法生存，但是人不是为了呼吸才生存是一样的道理。

虽说如此，但直到现在，社会上依然有很多人以工作为生活的中心，并且用一个人的职业去衡量他的人生价值。许多孩子被问到"你将来想干什么"时，都会无一例外回答自己想从事的职业。

然而，这样的价值观如今正在慢慢改变。职业不分高低贵贱，根据一个人的职业来评价其社会价值高低的想法是错误的。我们从小接受的教育也告诉我们不要抱有这样的偏见。对于大部分人来说，工作只是谋生的一种手段。当然，也有一些人把在工作上取得成就当作自己人生的目的。

大多数人都是为了挣钱才工作的。因为人们在选择工作的时候往往不能同时兼顾兴趣爱好和个性，所以很多人都有"不能做自己喜欢的工作""工作氛围不好"等烦恼。他们的问题就在于不该在工作中过于追求个人喜好。

前文已经说过，集中的思考方式是像电影《摩登时代》（*Modern Times*）展现的大型工厂里工作的劳动者需要具备的素养。然而，现在像那样需要集中注意力的机械性的工作多由计算机来承担了。人类从事的是更加偏重需要发散思考的工作，我们会偶尔产生某些联想，思考与眼前工作完全无关的事情，但我们所追求的正是经过尝试和不断改进以后得出成果，以及从更为广阔的视角看待问题的能力。

这种转变不仅发生在工作中，也发生在个人生活中。

在批量化生产的时代，每个人的生活方式也被"批量化"了。所有人都在周末外出，在同样的地方消费。虽然这种生活方式从经济上看是合理的，有利于提高产量、降低成本，但是随着社会经济不断发展，人们的生活方式必然会变得多样化。只有生活方式多样化，人们的生活才能变得越来越丰富多彩。

比如说在过去，每个人的兴趣往往会局限于一个方面。如果有了一个兴趣爱好，那么就算是其他事情很无趣也得忍耐，人们会觉得有多个兴趣爱好是一件奢侈的事。像"一生悬命①"这个词语所表达的意思一样，日本人自古以来就觉得一个人应该全心全意去做一件事。当一个人完全投入到某件事情中时，人们会觉得他非常有魅力。虽然听起来有点老套，但是"简单生活"这样的词语也曾在日本流行一时。

然而到了现在，这样的观念已经渐渐淡化了。随着社会经济的发展，人们的观念逐渐发生了变化，在经济和时间允许的范围内，力图拥有多种兴趣爱好。与此同时，人们的生活方式变得越来越多样化和复杂化。

在过去，几乎每个家庭只有一台电视、一套西服、一台钟表。与过去相比，现代社会的离婚率也上升了，也有

---

① 一生悬命就是强调自己会尽全力做某事。

很多人信奉"不婚主义"。由于生活方式多元化，社会包容度提高，因此只要不给他人添麻烦，每个人都可以选择自己喜欢的方式生活，这是现代人所拥有的自由。

然而，虽然处在这个自由的时代，一些从古至今流传下来的观念仍束缚着人们的思想。简单来说，这就是不自由。

虽然人们的思想有了一定转变，眼界开阔了，观念也变得开放多了，但很多时候我们仍被那些陈旧的观念束缚着。

我们一定要常常回顾过去，用自己的大脑去思考，否则会被旧观念束缚自己的思维，吃亏的就是自己。

接下来是编辑采访我的内容。

如何消除烦恼呢？

问："我想问问您有关如何处理烦恼和不良情绪的方法。森博嗣先生，到目前为止，您是否有过因某些烦恼在脑海中挥之不去，而无法集中精力的情况？"

森："我并不知道其他人的情况是怎么样的，也没有针对这个问题跟其他人有过深入交流。我大概还没有过这样闷闷不乐、烦恼不已的时候，因为我非常不喜欢让自己被烦恼困扰，所以对任何事情都会提前想好对策。为了不使事情变得棘手，我会提早做应对计划。

"在我看来，这世界上的人们都是非常乐观的。大家会认为，自己的生活肯定是没问题的，灾祸不会降临在自己身上的。虽然人们不会对未知的事情担心，但有没有人想过如果真的发生了不好的事情该怎么办呢？如果有人会这样想，那就具备风险意识，会时常进行风险评估，制定相应的对策。因此，即使发生了不好的情况，他也不会慌张，而是根据事先想好的对策来行动。

"世界上每天都有各种突发事件，人随时都会遭遇意外，物品随时都会损坏，我们要提前对这些可能性做好心理准备。在人际关系中，如果我们由于过于信任对方而遭到背叛或者发生意外，让自己陷入意想不到的危机之中，那么从一开始就不过于信任对方才是正确的选择。每个人的想法本来就不一样，想要完全理解对方的想法是不可能的。如果从一开始就抱着这种想法，我们也就不会陷入难以收场的局面之中。

"也有可能是我比较幸运，我没有遇到过很棘手甚至自己完全不知道怎么办的大麻烦。我的烦恼都是在问题发生之前就已经产生的，它们在我判断哪里有风险的时候就已经出现了。

"因此，对于处在烦恼中的人，我是无法给出任何明确的建议的，因为令人烦恼的问题是之前就已经存在的。因此，在大多数情况下，即使我们从现在开始着手解决问题，到最后将问题彻底解决也需要花很长的时间。

"如果我们不在春天的时候播种，到了秋天就无法收获。因此，对于有烦恼的人，我只能建议他为了以后的

'收成'赶紧'播种'。不过我也明白，这样劝别人说起来容易，但是对于那个人的现状是没有任何帮助的。

"当然，如果他能够从中得到教训就可以提高自己。虽然这不能解决眼前的问题，却也算是从根本上解决问题的办法之一。"

如何克服自卑心理呢？

问："有时候，我们会面对自己不知道如何解决的问题。比如说，我们有时会产生自卑心理，这会影响我们的正常生活。您认为应如何克服这种自卑心理呢？"

森："正因为每个人都会有自卑心理，所以如果反过来看，这恰好证明了我们每个人都是独一无二的个体。如果一个人没有自卑感，那么说明他对自己缺乏正确的认知。克服自卑心理的关键在于我们该如何正确认识自己。当一个人自卑时，自己的行为必然会受到影响，这是很正常的。如果这种自卑情绪对我们没有造成任何影响，那才是奇怪的事情。

"当我们感到自卑的时候，应当努力消除自卑感，想方设法提高自己。我们应当给自己设定一个能够实现的目标，哪怕落后于别人也没有关系。只要你不甘平凡，拥有理想，不懈奋斗，就能找到通向成功的路径。

"任何人都不能摆脱自己现有的状态成为他人。虽然我们在出门前能换身衣服、换双鞋子，但出门以后就只能穿着脚上的鞋走路了。有时候，我们可能会觉得自己穿的衣服不够合适而不能进入某些场所，或者觉得鞋子不合适就无法进行某项运动，这就跟我们被自卑感影响是一个道理。人们只能在目前力所能及的范围内，选择自己喜欢的道路。

"尽管人类不能离开地球，也不能选择自己所处的时代，只能在受限的环境里生存，但人类已经成功地在地球上刻下了属于自己的印记。虽然我们不能直接在天空飞翔，也不能直接在深海里畅游，但人们为了克服这种对大自然的敬畏和自卑心理，创造了众多发明来探索世界，因此不能说自卑对人类是毫无益处的。

"有很多人的自卑感是基于自己与他人相比而得到的认知，还有极少数人的自卑感是将整个社会作为比较对象而产生的错误认知。为什么一定要拿自己与他人相比呢？是否与他人相比，难道不是我们自己决定的吗？

"大多数人在年轻的时候都有自己的偶像，会想变得跟那个人一样。但是，每个人自出生起就走上了不同的道路，也就是说每个人都是独一无二的，谁都不能走他人的道路。因此，每个人只有好好走自己的路。

　　"明确了这一点，我们便可解决大部分人自卑感的问题。"

如何认识优越感呢？

问："那么，如果一个人有优越感的话又会怎么样？有优越感是不是一件好事情？认为自己比他人优秀，这样的想法是必要的吗？"

森："在我看来，优越感、自豪感其实都只是伪装。在与他人交往的过程中，有些人希望在他人面前展现某种自己比较好的方面。

"我认为优越感这种东西虽然可能是在与他人比较后产生的，但当事人可能并没有意识到自己展现出来的优越感。

"如果一个人有优越感，说明他知道自己擅长的东西，这么说的话，有优越感自然是好事，知道总比不知道要强。但优越感需要以客观的评价为前提，如果仅仅是自我感觉上的自信就完全没有必要了，反而可能变成言过其实，带来负面影响。

"与之前提到的自卑感做比较的话，我认为如果有自卑心理，会表现得缺乏自信、急躁，让人容易疲累，没有耐心，不能好好工作，因此会导致失败。

"因此，人们应该找到适合自己的方法，把眼光放长远，提前做好准备，到了关键时刻才能不慌不忙，即使陷入困境也能镇定自若。

"我是悲观主义者，对自己做任何事情都没有信心，认为自己肯定做不好。因此，我只有尽量选择不会失败的方法，小心翼翼地尝试。

"在体育比赛时，教练会说'拿出点自信来'这样的话，但有了自信就真的不会输吗？我想，就算有了自信，成功的概率顶多也只有50%。这样看来，有没有自信差别不大，这才是符合逻辑的判断。"

如何提高工作效率呢？

问："对于一些自己不感兴趣的事情，我会觉得很无聊，比如说事务性工作。对于这种情况，您有没有什么好的建议呢？"

森："对我来说，偶尔做一下这种简单的事务性工作会让我感到新鲜。刚开始做事务性工作的时候，我可能会不习惯，但慢慢会越来越顺手，然后找到最佳状态，并从中获得乐趣。

"这种简单的事务性工作让人开心的最重要的原因在于，它能让做事的人看到终点，人们可以设定一个完成这项作业的目标。但从事研究工作的人是没有这样的目标的，不知道要到什么时候才能结束，不知道要经历多长时间才能看到终点。如果一直从事简单的事务性工作，人们就会想，不管怎么说工作都是可以完成的，光凭这一点就让人很高兴。在完成工作的时候，人们有一种成就感，哪怕只能获得一点这样的成就感也是会让人感到开心的。

"然而，如果持续做这种简单的事务性工作的话，的确会让人厌烦。在工作的过程中，如果工作的目标一直是完全相同的，就会让人厌烦，并且再也找不到那种最佳状态了。这样的工作就变成了例行公事。很多的工作都是这个样子的，人们在工作的过程中想的只是能拿到多少工资，以及拿到工资以后去做些什么，除此之外再无其他让人愉悦的感觉。

"但是，一直持续下去的没有任何改变的简单事务性工作并不多。有时候，会有一些契机让你突然想到其他的工作方法，你就可以去尝试使用新的工作方法。因此，这种简单的事务性工作也是会发生变化的。当然，如果你不曾尝试新的工作方法，那么调整工作岗位也会让人有新鲜感。

"然而，让人意外的是，许多人一直重复着同样的工作。我经常听到有人说'终于做习惯了''好不容易记住操作流程了，却……'。这是因为有些人已经适应了'机械化'操作，只是为了挣钱而工作，于是就会产生这些想法。这也不能说是坏事，即使从事的不是自己感兴趣的工作，人也是可以好好工作的。"

问："您有没有什么提高工作效率的方法呢？"

森："这个是我经常考虑的事情，我会在保证质量的前提下，想方设法减少工作时间，也取得了一定的成果，我现在一天的工作时间已经缩短到一个小时以内了。

"有人说，如果工作能让人快乐的话，自然不需要追求提高工作效率的办法。如果一个人能快乐地工作当然是最好的，因为快乐的时光总是短暂的，我们没有必要将其缩短。在刚成为研究人员的时候，我觉得工作非常有趣，根本没有考虑过提高工作效率之类的事情。研究人员的工作本来就不是生产性的，因此也很难评估工作效率的高低。

"现在，因为我对工作以外的事情产生了兴趣，所以会尽量减少工作时间，把时间花在自己喜欢的事情上。这其实就是'挣时间'，跟挣钱一样是非常重要的事情，因此我会仔细考虑提高工作效率的方法并认真付诸实施。

"如果自己从事的是被指派的工作，对于生产性岗位来说，提高工作效率就是提高单位时间内的产量；对于非生产性岗位来说，提高工作效率就是在得到同样成果的前提下，减少工作时间。不过，对于那些按时间计薪的人来说，这样提高工作效率是没有意义的，因为如果工作时间减少了，工资也就相应减少了。

"如果自己从事的不是被指派的工作，而是由自己安排工作，比如自由职业者、个体户，提高产品的价值就等同于提高效率了。就拿作家的工作来说，花了同样的时间创作小说，如果小说很受读者欢迎，销量不错，成了畅销书的话，作家单位时间的工作成果也就提高了。

"毕竟，小说与一般商品也有类似的地方，并不是好的东西就一定会畅销。小说的销量受外在因素影响很大，如果能够被拍成影视剧并引起热议，小说就会随之大卖。这就需要作家综合考虑更多的因素，也就是说要考虑自己能多大程度地控制自己的工作成果。不论什么工作都会或多或少地受到'时运'的影响，虽然没有切实有效的掌握'时运'的方法，但我们可以设法让自己的工作成果符合潮流的趋势，这也是一种提高工作效率的方法。"

学会与网络共处

问："您是如何使用社交软件和互联网的呢？您有过对回复没完没了的社交软件上的消息感到疲倦的时候吗？"

森："没有。我认为，频繁使用社交软件会让工作效率降低。在刚刚成为作家的时候，我是个网络'达人'。当时使用网络的人并不多，从1996年开通博客后，我会回复每一条粉丝发来的消息。这些做法对于我的事业是非常有帮助的。我把免费公开的博客上的文章全部结集成书出版，一共出版了28本。这些书也算是开创了博客文章出版的先河。我还在网上成立了粉丝俱乐部，现在我的粉丝数已达到1.6万了。

"不过，从2008年开始，我不仅不再给粉丝回复消息，也不再使用推特和脸书了，但是我仍然会每天更新粉丝俱乐部会员限定的博客，我将其当作'售后服务'。我认为现在已经不适合将博客的文章出版成书了，而且现在有太多人公开自己的文章了，因此我觉得自己维持现状就可以了。

"我以前会随心所欲地发表自己的观点，粉丝看了大多会付之一笑，但现在可能就会成为'热搜'的话题。我大概是十多年前开始感知到这种社会变化的，因此我觉得差不多是时候保持低调了。

"大部分人在看到名人的博客或者推特时可能会希望自己也能引人注目。有时候，有些人因为太想被别人注意，会发表一些过激的言论，超过了社会大众能接受的底线，反而导致负面的效果。

"我原本并不是为了出名才当作家的。如果出了名，会有更多读者，从商业的角度来说，我的工作效率就提高了。这固然是件好事，但我是非常不希望自己出名的，我喜欢一个人低调、安静地生活。像我这样的人走上了创作小说的道路可能不是一个好选择。

"为了做自己喜欢的事情，我必须获得资金，因此我才走上了创作小说的道路。在我创作的小说达到一定的销量后，我就没有必要再利用网络提高知名度了。

"从本质上说，我是个非常'实诚'的人，经常说出自己的心里话，讨厌伪装自己，因此我从没说过'请买我的书'之类的话。我一直认为如果读者确实喜欢看我的作品就买，不喜欢也无所谓。这种话放在现在这个充斥着花言巧语的社会里似乎听起来会让人不爽，因此我觉得自己还是少说为妙。

"通常人们说的'网络疲劳'，归根结底是因为人们为伪装成那个理想的自己而感到疲倦。人们不想让身边的朋友觉得自己不好相处，或是想得到大家的承认，因此才时刻关注手机。

"为什么有人会做连自己都讨厌的事情呢？如果自己觉得累的话，不做不就好了吗？依我看来，即使有些朋友觉得自己不及时回复消息不够礼貌，或者身边的人不认可自己，那也可以因此发现真正和自己志同道合的朋友，以后的生活就少了很多阻碍，从而能够自由地生活。如果真的感到'网络疲劳'，那就应该不在意他人的眼光，过自己想要的生活。不过，如果这样做，可能又有人会质问：'你就没有想过这样会伤害到某些人吗？'因此，我觉得大家还是选择自己喜欢的方式生活就可以了。"

人生的目标

问："请问森先生，您认为一个人追求的人生的重大目标，其动力是从何而来的呢？"

森："人生的目标本来就是不惜花费时间也想要达成的事情，因此并不需要自己特意寻找动机。有时候，我们因为某些原因开始做某些事情，之后就继续做下去，如果这个动机不存在了，那就应该放弃了，没必要刻意地创造一个动机。

"大体上来说，如果是自己真正想做的事情，虽然有时候也会因为各种原因停下来，但这只是暂时休息，自己最终会坚持继续前行的。

"在我看来，人生的目标并不一定只有一个。有时，我们的人生目标会慢慢变化，这并没有关系。在追求人生目标的过程中，我们的视野越来越开阔，能够看到更广阔的天地，能够逐渐看清以前看不清的事物。因此，我们的人生目标会不断变化，会有其他想要做的事情，这也是很正常的。

"我觉得埋头做自己喜欢的事情是很让人开心的。一个人做着自己喜欢的事情时会收获别样的满足感。由于工作性质，我很少跟他人一起合作完成某项工作，而我也喜欢一个人做事。做别人都不知道的事情让我有种清醒的感觉，而知道这件事情价值的人也只有我。这份孤独感是最令我开心的。

"因此，我觉得没有必要太在意做事的动机，因为人只要做事就肯定是有动机的。如果没有做事的动机了，那就放弃原来的目标好了。如果放弃原来的目标会让你感觉不好意思，觉得有压力，那就说明你做事情的动机源于他人对你的评价，而不是发自自己的内心。

"真正存在问题的是做事情的动机持续的时间太短。因为内心的懒惰心理，我们会产生'今天不想做，明天再做也行'的想法。我认为这不是做事的动机存在问题，而是自觉性不足的问题。在这样的情况下，我们就要好好地管理、监督自己，要想方设法与懒惰心理做斗争。"

问："森先生应该没有因为情绪因素而无法将想法付诸行动的时候吧？"

森："我有点不太理解，'因为情绪因素而无法将想法付诸行动'，这说的是缺乏干劲吗？这里的情绪应该不是指喜怒哀乐吧。我想，对于工作来说，比动机和干劲更重要的是身体状况。我们需要根据自己的感受尽量调整自己的身体状况。根据每个人的情况不同，调整身体状况的方法也是不同的，不能一概而论。

"然而，我在身体不舒服的时候也会工作，从年轻时就这样。我的工作只是在有空调的屋子里坐在椅子上，看着计算机屏幕敲键盘而已。也就是说，我的工作是不需要耗费很多体力的，相对比较安静。与之相比，我的兴趣是早起去很远的地方放飞飞机模型，或是在户外做手工，这些完全是体力劳动。在身体不舒服的时候，我是做不了这些事情的。

"我觉得干劲不是一种情绪。我认为，干劲是以现在的付出都是为了将来有更大的回报为前提的。

"因为热爱而工作的人是相当少见的。能让人快乐的工作也许也是存在的，但大多数工作都是违背人类喜欢享乐的天性的，因此人们需要依靠理性来激发干劲。

"从这个角度来说，尽量想象一下自己的将来，给自己树立一个生活目标，可以让自己充满干劲。虽然理想是愿望，但也应该是经过自己的一番思考而制定出的目标，因此并不是不能实现的。

"总之，我认为，工作的关键不在于是否有干劲，而在于做或者不做。如果做，那么就必须有计划，然后按照自己制定的计划督促自己，哪怕很不情愿，也必须去做。到了这个阶段，自己接下来要做的事情就是执行，而不需要有太多顾虑。这样会让烦恼更少，工作的时候更轻松。

"刚才我说过，因为事务性工作有结束的那一刻，所以会让人感到快乐。虽然做计划不是一件容易的事，但只要有了计划，之后需要做的就是花时间来完成。时间对每个人都是公平的，时间既买不来也不能出借，因此根据自己的时间制定可行计划才是最重要的。"

第七章

我思故我在

"专注"可能抹杀个性

当提及"个人是什么"时，大家会有何想法呢？

虽然世上有很多人，但每个人都是独一无二的。虽然可能会有容貌相似的人，但通常来说还是有一些区别的。

作为一种生物，人的身体也会不断地发生变化。孩子会长大，大人会变老。即使在比较短的时间里，由于身体不断地新陈代谢，人体内的细胞也一直在更换，所以我们的身体每时每刻都在变化。

因此，把一个人视作一种连续不断的存在，实际上是一件很不可思议的事情。人们将一个人身上与众不同的特质称作"人格"或"个性"，但这些也是在不断变化的。因为在生活的过程中，人会学习各种新知识，思想也随之发生变化。如果是年轻人，现在思考的事情多半是一年之前完全没想过的，拥有这样体验的人是非常普遍的。但是，令人感到惊异的是，尽管如此，还是有人将这种不断变化的个性视作是持续不变的。

　　如果不考虑外表的差别，那么人与人之间最大的差别可能就是个性差异了，这种差异是无法一眼就看出来的。作为一个独一无二的人，这种"个性"在多数情况下显得更加重要。正如日文中"人となり"（为人秉性）这个词所说的，不同的个性成就不同的个人。

　　人类的独特之处在于思考，"我思故我在"。反之，如果人类不会思考，那可能就与机器一样了。如今，机器代替人类承担了大部分的工作。最近，自动驾驶技术广受关注。大脑处理眼睛、耳朵接收到的信息，指挥身体驾驶汽车避开危险，安全到达目的地。这曾经被认为是对计算机来说难如登天的事情，但是如今自动驾驶技术已经日渐成熟。客观地说，如果把驾驶的任务交给人工智能，也许可以避免许多人为原因导致的交通事故。人有时候会走神、身体不适，或是违反交通规则，但人工智能不会那样。即使因为程序错误引发事故，如果能够找出原因升级程序就可以避免类似的事故再次发生。因此甚至可以说，在自动驾驶领域，每一次事故都可以提高自动驾驶的安全性，并让自动驾驶技术逐渐趋于完美。当然，我们也要认识到，这并不能确保达到百分之百安全。

在我们驾驶汽车的时候，大脑必须做出精准的判断。然而，这并不能算是"思考"，而是一种自发的"反应"。与之相比，在开车过程中脑海里浮现的种种想法才是"思考"。但是，这对于驾驶汽车的人来说恰恰是一种"妨碍"。因此，一直以来的安全教育都在强调，在驾驶车辆时，驾驶员应当专心驾驶，不得思考与驾驶无关的事情。

如同上述事例中所说的那样，专注就是要将"思考"排除在外，甚至说，将"个性"排除在外。事实上，在不久的将来，大多数人可能会被禁止驾驶汽车。对于想要开车的人，则需要在专门的道路上驾驶汽车或者在虚拟现实中体验驾驶的感觉。

虽然我在前文提到现在大多数机器还不能准确地处理信息并对其做出反应。但是现在的社交网络已经大规模使用人工智能了。当我们为某个链接点赞的时候，程序就会记住我们的选择，通过收集到的数据分析出我们的喜好，然后根据我们的喜好向我们推送各种信息。不仅如此，有些程序还可以自动帮我们回复朋友发来的信息，甚至可以模仿我们的语气。虽然这样的程序还称不上完美，但是它们能够筛选出那些无法自动回复的信息并通知给我们进行处理。

人们之间的"联系"或是"羁绊"都可以在短时间内变成形式化的简单"手续"，因此无论是发出信息的人还是接收信息的人都可以依靠程序自动回复来实现沟通。像那样仅通过自动回复的信息来交谈，在不久的将来也许会成为现实。从目前的状态来看，这样的未来已经部分成为现实了。

"不需要"人类的时代

在现代社会中，"人"的个性已然被埋没了，"人性"正在不断弱化。随着个人思考时间减少，人们身上的"人性"也在逐渐减少。

我们试着想一下，在上下班途中，在拥挤的地铁上，大家都点击着各种链接，想通过手机来获得各种信息；在办公室，大家坐在办公桌前回复消息，把计算机屏幕上的各种信息复制、粘贴，排好版之后再转发出去。

在休息日，也有休息日要做的事情等着人们。人们看上去是在自由地选择做自己感兴趣的事情，实际上不过是按照网上的各种推荐，去某个指定的地点"打卡"，然后在那个和别人口中所述的一模一样的地方拍照片和视频。要说他们这样做的目的何在，我想他们大概仅仅是为了"确认"。然后，人们会将照片发布在网上，如果得到很多"赞"的话，那么一整天的心情都会很好。

　　当然，我并不是说因为当今社会科技高度发达，所以人类的"人性"才会被埋没。我关注的重点在于"人性"是否能被发现。当被问到"自己"究竟是何人这种问题时，一定会有人说"这问题真是太烦人了"。的确，因为人本身就是伴随着麻烦而生的物种。孩子不听大人的话，仅凭自己的喜好做事。观察孩子就会对我们有所启发。我们可以看到，孩子虽然很麻烦，但起码他们还保留着"人性"。

　　人类社会已经开始试图逐渐远离自然，居住在城市的人口占世界总人口的比例不断提高。因为自然界是难以预料的，并且会不断发生各种意外，所以人们尽可能地往自然中添加"人工"的东西，从而创造出一种稳定又令人安心的环境。在大城市中，就连地铁出现小故障都会引发大的骚动。人们一边抱怨着"为什么偏偏在这种时候出问题"，一边排起长长的队。

　　然而，在设法将种种自然因素排除，到最后最富自然特征的就只剩下人类自己了。人的身体和头脑无论如何都算是自然的一部分。人的身体说不好什么时候就会感到不适，也会毫无征兆地生病。因此，我们经常会陷入难以预料的麻烦之中，这全都由于我们是人。

在信息科技高度发达的今天，我们最后残留的"人性"也在慢慢消失。人们讨厌"人性"，想要创造一个高效、安全又舒心的环境，因此他们不需要"人性"。

这是我们不得不承认的情况。我不是一个呼吁召回"人性"的浪漫主义者。人们聚集起来号召回归自然的运动，就是人们呼唤"人性"，从而想要改变这种状况的证明。

束缚自己的人正是自己

　　我这话虽然有点夸张，但大多数人大概都可以隐约感觉到自己生命中的“人性”越来越少了。大家或多或少都听到过诸如“为什么要这样辛苦地活着”“每天都重复着同样的事情”“不知道为什么每天都过得浑浑噩噩”这样的抱怨。你可能会不由自主地和他们一起发出叹息，因为这些抱怨并不是与你毫无关系的事情。你可能也会说出诸如“但是我们别无选择”“现在说什么都太晚了”这样自暴自弃的话。

　　当然，要改变周围的环境是需要巨大的力量的，仅凭一己之力的确难以实现。人们正是因为清楚地知道这一点，所以才会说出那样自暴自弃的话。但是，毫无疑问，除你之外没有人能够过好你自己的人生。人生短暂，留给我们的时间已经只有数十年了。

　　难道自己的事情不能稍稍随着自己的心意来做吗？如果觉得不可以这样做的话，那么束缚住你的究竟是什么呢？是谁在控制着你？你为什么不能摆脱这种控制呢？

　　在大多数情况下，我们深信自己是被控制着的。换句话说，束缚住我们的正是我们自己。随着思考的时间越来越短，我们将自己保持在一种固定的模式中，在不知不觉中被这样建立起来的模式所支配。我们深信这种现状不可能被改变，因此准备继续过这样"安定"的生活。

　　很多老年人觉得年轻人应该还有很多年的寿命，是有可能改变自己的，因为他们还在成长，所以也能以更广阔的视角来把握未来，遇到任何事情都会说"那是因为他们还年轻啊"。但其实对于不再年轻的人来说，只要想改变，时间也是足够的。一个人若是全力以赴的话，即使只有几年时间，也是足以改变自己的。

　　虽说如此，我也并不是要大家总是冒着巨大的风险去挑战任何事情，而专注思考的弊端恰恰在于不能在仓促之间做决定。

　　我们最好先让自己放松下来，并让自己的思考方式变得灵活，从观察事物的角度开始改变。如果落实到行动上的话就是坚持每天都做出一点改变，不要只专注于做一件事情，而应该同时做几件不同的事情，这也是发散思考的基本原则。"完成目标"并非做事情的唯一的目标。

改变习惯

简单来说，我认为应该先改变"习惯"，也就是将踏踏实实地做每一件小事变成"习惯"。这样一来，就能养成善于思考的习惯。我时常会观察周围的环境，并确认自己和环境之间的联系，这会占用大量的时间。我花费这些时间就是为了更好地"思考"和 "创作"。要是有了这样的习惯，大家应该就能够厘清那些发散思维的头绪了。

想想那些不认真思考就做出反应的人，他们若是遇到需要自己必须再三考虑的事，也许先想到的只有自己。在集中精力思考时，他们也只会想到自己的立场、愿望、生活，还有自己的情况，这些都成了他们思考的中心。但这其实是对"思考"的误解。

我们深知，除了关心自己的事情之外，还有很多事情需要我们思考，但那些不认真思考的人却想不到这些。

人们不断地处理事情、做出反应……周而复始，而当出现妨碍自己处理事情、做出反应的事物时，便会下意识地产生厌恶感。因此，如果不思考的话，人的思想很容易被自己的情绪所主导。如果我们仅用喜欢或讨厌来简单地评判事物并采取应对措施的话，偶尔思考的时候也容易情绪化。如果一个人无法控制自己的情绪，也就很难理性思考。

会发散思考的人会不断转换看待问题的角度。这种多角度思考问题的方式能够让人们对事物做出客观的评价，有时也会让人们完全改变立场和判断。

人们总说"我要的就是这个""我就是这么想的"，但是如果从客观的角度去看，就会发现那些想法并不是正确的，也不能说是合乎逻辑的。因此，从多角度思考问题会增强你提出的意见的说服力。大家在发散思考的过程中碰撞出思想火花，进而展开的讨论才是真正的讨论。

在大多数情况下，人们先考虑的都是自己的观点，为了让别人同意自己的观点而寻找各种论据，并以此来进行讨论。这就是日本人很不擅长辩论的原因。如果你所持的观点不是通过客观思考得出的，那将很难说服别人，结果也只能是得到对方一句"虽然你表达了自己的观点，但我无法认同"。"自己的观点"其实是陈述自己的意见，而不是表达自己的愿望。例如，思考某件事是否正确是一种意见，但是表达自己的观点则不是一种意见。

当观点不同的两方进行辩论时，可以尝试着交换意见，让自己接受对方的观点并尝试让对方也接受自己的观点，反复进行这样的训练。这种站在不同角度思考问题的方法已经被各国的教育界所采用。

我思故我在

对于与自己观点不一致的意见，很多人是不会表示赞成的。然而，在现实社会中，从事律师等职业的人需要预测对方的想法和行动来判断自己应该如何行动。若是无法客观思考，他们就无法顺利完成自己的工作。

我们可以在讨论的过程中发现，当我们提出某个观点并从客观的角度对其进行说明后，有些原本持反对意见的人会表示一定程度的认可。判断一个人是否头脑清晰、明白事理，可以看他是否能够承认与他意见不同的观点也存在一定的合理性。如果一个人能够有逻辑地思考并表达，那么他时常会肯定对方所说的正确之处。即使与这样的人意见不同，人们也能够与其进行顺畅的交流。

当议员在议会展开激烈辩论的时候，很少有议员会全盘肯定或者否定某种观点，否则他一定会失去群众的支持。群众的眼睛是雪亮的，议员必须清晰明确地指出什么是正确的、什么是值得被肯定但仍有不足之处的。

单纯的人会用简单易懂的话，大声地、直接地发表自己的意见，捍卫自己的权益；睿智的人在"什么是正确的"这个问题上再三思量。不管怎么说，让社会得以保持和平稳定的不是思想单纯的领导者，而是被民众选择的那些善于思考的领导者。

值得信赖的人并非固执己见的人，而是能够在不同的情况下采取相应的应对措施的人。理想和现实是存在很大差异的。只要有不同的利益群体，就不会存在理想的社会状态，有人受益就必然有人受损。政治的作用就是协调不同的利益群体，从总体的角度考虑问题，这也正是领导者的职责。

总而言之，人类把"善于思考"看作是一种优秀的品质，并且会认为想法卓越的人是非常优秀的。当我们敬佩某个人的时候，不光会为他的语言所打动，还会为他出色的思维方式所折服。虽然思维方式不会在外表上显现出来，但是在很多场合，我们可以从一个人的言行举止中感受到这个人的思维方式。

优秀的人会尽可能地尊重各种各样不同性格的人。

那么我们该如何做到这一点呢？那就是不要专注思考，而要发散思考，站在不同的角度思考问题，怀抱一颗温柔的心，让自己融入周围的世界。

后

记

热衷于教育的母亲

我的母亲是一个非常热衷于教育的人。我的参考书、练习册几乎都是我母亲买的。她从不给我买玩具，但若是我想要某种工具，再贵她都会给我买。若是我想要什么东西，她就会对我说："你自己动手做一个吧！"就这样，我喜欢上了做手工。

不过我父亲就不喜欢自己动手。虽然他曾经是一名建筑师，但他做的工作都是无法靠一己之力完成的，必须通过团队合作才行。在家没事的时候，他基本上就是看书和看电视，不怎么和人说话。但他经常说的一句话是："不要太拼命了。"

那似乎是他奉为圭臬的信条，所以他总是显得那么悠闲自在。实际上，他是个性子急又常常只维持"三分钟热度"的人，因此才总说那句话来提醒自己。母亲总对我说："你要全力以赴学习，争取考第一名！"每当母亲说完后，父亲总会悄悄对我说："考不到第一名也没关系，付出80%的努力就可以了。"总之，他教我的就是"不要太努力"。

小时候的我更喜欢父亲的教育方式，不但可以偷懒，考不好了也不会挨骂。实际上，父亲从来不过问我的考试成绩。其实，母亲也没提过，母亲认为只要努力了，结果不好也没有关系。

父亲告诉我的"不要太努力"，大概指的是"永远留有余力，时刻保持从容"，让我不要尽全力而是留有余力地去处理事情。这样一来，如果出现意外情况，需要我拼尽全力的时候就不至于手足无措了。

不过，大多数家长应该还是像我母亲那样，教导自己的孩子"要加油""要全力以赴"。

对于孩子来说，他们并不知道全力以赴到底是一个什么样的状态，连自己到底有多大能力也没有正确的认识，也不知道应该做到什么地步才行。孩子觉得自己明明已经很努力了，却还是被说"你要更加努力"，这是说至今为止自己还不够努力的意思吗？

　　我想，一定有很多孩子觉得自己怎么努力也不能得到大人的认可。因此，我想应该有不少孩子努力表现得很努力。

　　不光是孩子，也有不少已经步入社会的成年人，在很多场合也会装出一副拼命的样子。也有人在假装努力的过程中逐渐"入戏"，相信自己真的只能做到这个程度了，觉得自己已经足够努力了，再没有上升的空间。由此可见，装模作样也不是一件容易的事情。

　　但比起装作很努力的样子，"不努力"的生活方式更加轻松。若是想这么做，必须先建立不一样的价值观，不在乎别人的看法，觉得被别人看低也不是什么坏事。如果一个人被看低，别人就不会对他有过高的期待了，说不定还会被别人说他故意装作"总是很从容、淡定"的样子。

　　总之，不努力就没有压力，不管结果如何，都不会太在意。毕竟没有全力以赴，因此你只会觉得"哎呀，果然不行""如果认真去做，说不定就能成功"。你的自信也会随之而来。如此一来，你就能变得更加从容不迫、游刃有余了。

所有的事情都不是只能二选一

上面说的都不是为了强调哪种方法更好、哪种方法更胜一筹，因为每个人的情况都不一样，不论什么方法都会对一些人适用而对另一些人不适用。关于这一点，我在前文中也反复提及。

我并非想给大家介绍一个万全之策，而是想推翻"做事要专心致志"的说法，告诉大家这句话并不总是成立的。

观察现代社会，我感觉一切似乎都是整齐划一的。如果持有不同的观点，很可能就会被众多网民攻击。我在大约十年前就注意到了这种倾向，于是我便让自己远离社交网络。

自东日本大地震发生以来，这种倾向越发明显。当时的我早已停用了向大众公开的博客，但每天还会写订阅的文章，而阅读这些文章的大多数都是外国人。为了告诉他们并非整个日本都陷入了大恐慌之中，我在网上写道："虽然有些地区受灾很严重，但是日本九成的地区平安无事。"果然不出我所料，有人批评我说："请您考虑一下受灾的人的感受。"

那个时候，难道所有的日本人都必须无一例外地只关注受灾地区吗？所有人都必须悲伤地度过每一天吗？真的有必要关注到这种程度吗？

当然，每个人都可以给受灾地区的人提供一些自己力所能及的帮助。不过大多数人都只是嘴上说说"加油"，然后克制自己不享乐而已。尽管也有人说"来自大家的祝福温暖人心，给了我力量"，但祝福并不能让逝者复生，也不能让受灾的人回到以前的生活。

虽然这些话听起来很冷漠，但我觉得最重要的事情应该是考虑一下倘若灾难再次来临该如何才能避免发生类似的损失。制定和贯彻执行对策都需要耗费大量的财力、物力。这些问题其实早就提出来了，等待人们一个一个地解决。

一旦发生了核电站事故，就会有人说"马上把核电站都拆了"；一旦发生了海啸，就会有人说"把堤坝筑得更高点"……我总觉得，这些说法未免有些意气用事、歇斯底里。这些想法是很片面的，是集中于一点思考的结果。当然了，我并不是想要推进核电站建设，更不是觉得筑高堤坝会破坏观景。这些核电站和堤坝的存在是前人在参考当时既有资料的基础上，考虑当时的技术条件修建的，如果现在有更安全、更环保的解决方案去替换当然是很好的。我只是想说，冷静下来去想想该怎么做比较好，制定有效的对策是需要时间的。

总之，遇到问题别冲动，冷静地想想；讨论的时候也要尊重对方、互相理解彼此的想法。是与非、黑与白并不是那么容易分清楚的，任何事物都有两面性，我们不能只看一面就立刻做出决断。

我觉得，战争大概也是没有多角度思考问题导致的。有些人认为除此之外别无他路，于是一冲动便发起战争。

本书的最终目的是告诉大家，遇到问题的时候不要太着急，要从容地、多角度地考虑问题。我在这里也衷心地祝福大家都能如此。

日语的拟声词中有很多叠词，比如形容分散的样子的"ばらばら"（凌乱）、"ちりぢり"（零零碎碎），

形容持续的状态的"こつこつ"（踏踏实实）、"ちまち
ま"（紧凑），以及形容进展情况的"じわじわ"（慢
慢）、"だんだん"（渐渐）。

　　我终于"拖泥带水"地写完了这本书，不过这也能算
是发散思考的一个成果。如蒙谅解，实乃鄙人之幸也。